Osprey Campaign
オスプレイ・ミリタリー・シリーズ

世界の戦場イラストレイテッド
1

ベルリンの戦い 1945

[著]
ピーター・アンティル
[カラー・イラスト]
ピーター・デニス
[訳]
三貴雅智

Berlin 1945
End of the Thousand Year Reich

Text by
Peter Antill

Illustrated by
Peter Dennis

大日本絵画

目次　contents

3	序	INTRODUCTION
8	年譜	CHRONOLOGY
11	独ソ両軍の司令官たち	OPPOSING COMMANDERS
18	両軍の状況	OPPOSING ARMIES
31	両軍の作戦計画	OPPOSING PLANS
37	作戦経過	THE CAMPAIGN
89	戦後のベルリン	AFTERMATH
95	かつての戦場の現在	THE BATTLEFIELD TODAY
98	参考資料	BIBLIOGRAPHY AND FURTHER READING

■凡例
地図中のシンボル（兵科記号）は以下の通り。

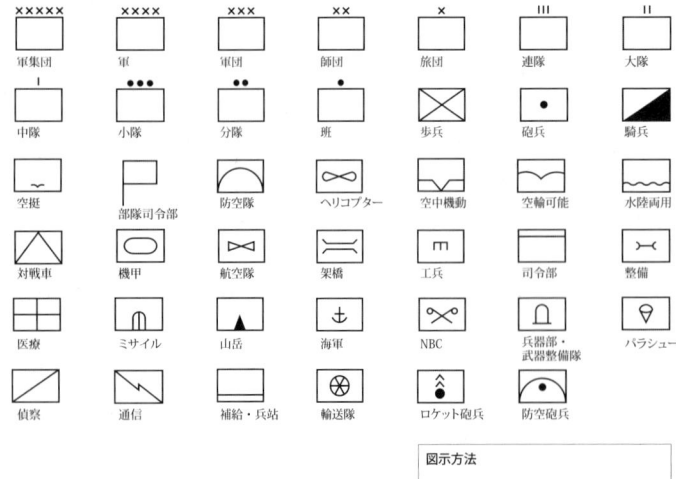

◎著者紹介

ピーター・アンティル　Peter D Antill
国際政治学と国防学をバックグラウンドに持ち、スタフォード大学で国際関係論の文学士、ウェールズ大学付属カレッジで戦略研究論の科学修士を取得。英国国防省の調査助手をへて、1998年から2002年までクランフィールドの安全保障分析官を努め、現在は著述業。英国スウィンドンに在住。

ピーター・デニス　Peter Dennis
1950年生まれ。『Look』誌、『Learn』誌などに影響を受け、リヴァプール・アート・カレッジでイラストレイションを学ぶ。主に歴史を主題とした作品を数多く発表。ウォーゲームと模型制作にも熱中する。英国ノッティンガム州に在住。

序
INTRODUCTION

　ベルリンの戦いは第二次欧州大戦に終止符を打つ戦いではなかったが、だがそれがひとつの終わりを意味するものであったことには、疑いがない。1940年12月18日に発令された総統訓令第21号は、ドイツ国防軍に対しソ連邦の粉砕を命じるものであり、それはイギリスとの戦いがいまだ決着のついていない時点でおおやけにされた。この訓令に基づき1941年6月22日、ドイツは152個師団、総計300万人を越える大軍をもってソ連侵攻を開始した。この数字には枢軸国軍の30数個師団がさらに加わった。この奇襲攻撃には、迅速な一大作戦をもってソビエト赤軍を一挙に殲滅することで、アメリカが参戦を決心する以前にイギリスを和平交渉のテーブルにつかせしめるという狙いがあった。だが、ヒットラーによるドイツ国防軍の万能さへの期待は過大にすぎ、この短期間のうちに敵に決定的な痛撃を加えることは不可能であった。他方、ソ連邦のもつ軍事的奇襲への耐久力、その後の軍と産業の動員能力と技術的資産力への評価は過小にすぎたのである。

　1943年7月のクルスク戦、ドイツ軍のいう「ツィタデレ」(城塞)作戦における勝利で戦略的イニシアチブを奪回して以来、ソビエト軍は自国領内から

重砲の射撃準備をするソビエト兵。ソビエト軍は常に攻勢準備にあたって、大量の砲兵を集中投入することを重視した。戦線1メートルあたりの砲の投入数は、ベルリン作戦では過去最大のものとなった。(クラスノゴルスク・ロシア国営公文書・フィルム・写真アーカイブ、以下RGAKFDと略称)

オーデル河畔の軟弱地に足を取られたT-34/76。困難な地形とドイツ軍の頑強な抵抗により、第1白ロシア方面軍の進撃には重大な遅れが生じたため、ジューコフは2個戦車軍の早期投入を余儀なくされた (Nick Cornish Library)。

のドイツ軍の駆逐に成功し、続いて東欧域内において西へ西へとドイツ軍を押し返し続けた。その四年におよぶ苦闘の果てに、ソビエト軍が払い続けた苛烈極まりない努力の総決算として、ベルリン攻略の機会はたち現れた。1944年8月、ソビエト赤軍はワルシャワ郊外に到達した。赤軍は前月に発動した「バグラチオン」作戦によりドイツ中央軍集団を粉砕し、8月31日にはブカレストを陥落させた。しかし、8月1日にワルシャワ市内で蜂起したポーランド国内軍を、赤軍は支援することができなかった。赤軍とワルシャワのポーランド叛乱部隊との中間には、いまだ4個のドイツ戦車師団が立ちはだかっていた。しかもこの時点で、ロコソフスキーの部隊にとっては、夏季攻勢のあとの部隊再編成が急務となっていた。その結果、ソ連軍は9月の末までワルシャワの部隊に補給物資の空中投下を続けたのだが、10月2日、優勢なドイツ軍の前にポーランド国内軍の抵抗は一掃されてしまった。この年の末までに、ソビエト赤軍は沿バルト海三国を再占領し、残るクールラント半島にはドイツ北方軍集団の第16軍と第18軍、メーメル周辺にはドイツ第28軍団が押し込まれた。一方で、ソビエト赤軍はブルガリアとハンガリー領内へと進み、10月末にはブダペスト外縁へと到達した。

　ソ連軍の攻勢再開は1945年の1月20日に予定されていた。しかし、西ヨーロッパ戦線でドイツ軍がアルデンヌ攻勢を開始したことと、チャーチルがスターリンに対し、西方連合軍への圧力を緩和するために早期に攻勢を開始することを熱望したことで、スターリンは攻勢開始期日を1月12日へと繰り上げた。ソビエト軍最高司令部（スターフカ）は、ヴィスワ（ヴィッスラ）河の流れにより地理的に隔てられたふたつの攻勢を企図していた。第一の、ふたつのうちより強力な攻勢は、ジューコフの第1白ロシア方面軍をもって、プラウィ橋頭堡から出撃してウッジおよびマグヌジェフ橋頭堡からクトノへ向かい、ワルシャワ包囲を目指すものであった。同時にイワン・S・コーニェ

フ元帥の第1ウクライナ方面軍は、バラノフ橋頭堡からラドムへと進出し、北西方向へと一隊を送りラドム地区からの後退を試みるドイツ軍を包囲する予定であった。必要ならば第1白ロシア方面軍との協調が図られるものとされた。攻勢部隊の左側面において第4ウクライナ方面軍が支援攻勢を発起する間、第1ウクライナ方面軍は突破完了後、オーデル河へ向けて西および北西方向へ進撃するものとされていた。第二の攻勢はコンスタンチン・K・ロコソフスキー元帥の第2白ロシア方面軍によるもので、ロザンおよびセロック橋頭堡から出撃し、北西方向へと進出してバルト海沿岸に到達することで、東プロイセンを孤立させまたヴィスワ河下流域を掃討するというものであった。その右ではイワン・D・チェルニャコフスキー大将の第3白ロシア方面軍がプレーゲル河南部で西へと攻勢をかけ、ケーニヒスベルクを目標とした。この作戦はドイツ第3戦車軍を中央軍集団から孤立させ、同時にマスーリア湖付近でドイツ第4軍を包囲するというものであった。

9月から翌年1月にまでおよぶ長い準備期間を使って、ソビエト軍最高司令部は攻勢に備えての大規模な兵站支援を実施した。ポーランド東部の鉄道は、レール巾がロシア式の狭軌に変更され、第1白ロシア方面軍は貨車68000両分の補給物資を受領している。これは「バグラチオン」作戦に参加した4個方面軍に渡された物資量に匹敵するものであった。同時に第1ウクライナ方面軍には貨車64000両分の物資が送られている。第1白ロシア方面軍は、プラウィ橋頭堡に砲弾130万発を蓄積し、マグヌジェフ橋頭堡には250万発を蓄積した。第2および第3白ロシア方面軍は砲弾と迫撃砲弾合わせて900万発の支給が予定されていた。この数字はスターリングラード戦の全期間を通じて、ドン方面軍の消費した弾薬数が百万発を下回っていた事実と比べると、その桁外れの膨大さが理解できる。ソビエト最高司令部はま

友軍の掩護射撃のもと、突進するソビエト軍兵士。大量の戦車の投入があったにせよ、いまだ歩兵は諸兵科連合チームの要であり、とりわけ市街戦では主役となった。(RGAKFD)

撃破されたティーガーの背後を、歩兵を跨乗させて進むT-34/76。T-34/76が単独でこの難敵を討ち取ったとは信じがたく、T-34/85やIS-2戦車の支援を受けた戦果のはずである。（RGAKFD）

た、将兵の政治教化プログラムを変更した。これまでの18ヶ月間、教化内容の主要テーマは祖国解放であったが、ソ連軍が他国領土での戦いに入ることが目前に迫ったいま、新しいテーマとして報復が設定された。新テーマはポスター、スローガン、集会、講演会、立て看板、論説、ビラを通じて喧伝された。政治将校たちは、ドイツ軍部隊がソビエト市民に対してふるった暴虐と全土に荒れ狂った略奪と破壊に関して、虚実をないまぜにして物語を並べたてた。思いもよらぬことに、こうした政治宣伝は実際には裏目に出て非生産的なものであることが明らかとなり、新テーマに則ったソ連軍部隊のふるまいはすぐに政治局の憂慮を招くこととなった。東プロイセンにおいて、ドイツ軍がソビエト軍占領下にあったとある村を奪回した際に、村の資産が根こそぎ奪われ住民が虐殺されていたことが発見された。ゲッベルスはこのまたとないプロパガンダの機会を最大限に利用し、ソ連軍はこの先、ドイツ軍によるときに狂信的なほどの頑強な抵抗に直面するであろうことを断言するに至ったのである。

　ソビエト軍の攻勢は、1945年1月12日05.00時（午前5時00分）に開始された。コーニェフは強力な砲兵弾幕射撃を開始し、その直後に偵察部隊と懲罰部隊が続行した。これらの部隊はドイツ軍の第一線塹壕を占領すると、弾幕射撃が第二線塹壕を叩く間、待機した。この砲撃はまた主戦線に近づきすぎて置かれていた、第4戦車軍の司令部と機動予備兵力をも混乱に陥れた。すでに午後の早いうちに、ドイツ軍第一線には大きな穴が穿たれ、戦果を拡張するために第4親衛戦車軍が投入された。夕刻までに、ソ連軍は巾40キロメートル、深さ32キロメートルの突破を果たしていた。その後数日で、キェルツェが陥落しコーニェフの右側面が確保されたことで、コーニェフ軍はクラカウ、カトヴィツェ、チェストホヴァに向けて平原を押し渡り始め、ドイツ軍は包囲に陥ることを避けるため後退を開始した。キェルツェの防御強化のために派遣されたグロースドイッチュラント戦車軍団と第24戦

車軍団は、ウッジに到達したところで進撃するソ連軍と衝突し、急遽後退に転じた。

　ジューコフは1月14日、マグヌジェフ橋頭堡から出撃し、その前衛突撃大隊群をもってどうにか戦術的奇襲に成功した。ジューコフはすぐさま突撃主力と第2親衛戦車軍の先遣隊を続行させた。さらに第5打撃軍、第8親衛軍、第1親衛戦車軍が続いて攻勢に加わった。第47軍と第61軍は、ドイツ軍が急ぎ撤退を開始したワルシャワの包囲に向かった。ワルシャワ陥落の知らせはヒットラーに報復人事を決意させ、A軍集団司令官のハルペは更迭され、後任にはシェルナーが据えられた。同時に第9軍司令官フォン・リュトビッツも解任されブッセが後を襲った。さらにアルデンヌから第6SS戦車軍が引き抜かれ、ポーランドでソ連軍の大波を押しとどめるどころか、ハンガリー奪還のために送られてしまった。

　1月20日、ソ連軍は560キロメートルにおよぶ長さで戦線を打ち破り、クラカウとウッジを占領した。ジューコフの第33軍はイルツァ付近でコーニェフの右側面との接触にこぎつけ、残る第1白ロシア方面軍の部隊は北西に向かいドイツ国境にまでわずか64キロメートルへと迫った。一番槍の栄誉はコーニェフのものとなり、その機甲主力はソビエト軍最高司令部の作戦指導によりブレスラウへと指向された。コーニェフはさらに兵力の大半をシュレージェン工業地帯の占領へと向かわせた。この間、ジューコフはオーデル河畔のキュストリンに向けて兵を進め続けた。しかしその一方でジューコフは、自軍の右側面でロコソフスキーの第2白ロシア方面軍との間隙が広がり続けていることを認識していた。第2白ロシア方面軍は東プロイセンを守るドイツ軍を孤立分断するためにほぼ真北へと進んでいたのである。ジューコフは側面掩護のために第3打撃軍、第47軍、第61軍を配置した。ロコソフスキーの1月14日の攻勢は、頑強な抵抗とグロースドイッチュラント戦車軍団による反撃に遭い頓挫した。しかし、ロコソフスキーは兵力を南に転じ、第48軍、第2打撃軍、第65軍戦区に強力な戦車兵力を集中し、1月19日には96キロメートルにわたる戦線で突破に成功した。その右側では、チェルニャコフスキー大将の第3白ロシア方面軍が、ロコソフスキーと共同して東プロイセンのドイツ軍を殲滅するために作戦していた。ふたつの方面軍が直面したのはドイツ軍の抵抗中もっとも強力な戦力であり、大損害を喫しながら文字通り血路を切り開かなければならなかった。事実、ソビエト軍最高司令部は、第1沿バルト方面軍から第43軍を引き抜き、第3白ロシア方面軍に増援として送った。1月26日にマリーエンブルクとエルビングが陥落したことで、ケーニヒスベルクは第3戦車軍、第4軍、および第2軍主力とともにドイツ本土から遮断された。第4軍は強力な兵力（6個歩兵、1個自動車化歩兵、1個機甲各師団）をもって1月27日に突破作戦を開始したが、包囲からの脱出はならなかった。2月の初めに、コーニェフとジューコフはオーデル河畔に到達し、占領地域の地固めに入った。ロコソフスキーとチェルニャコフスキー（2月18日に戦死し、アレクサンドル・M・ヴァシレフスキー元帥が後任となった）とバグラミヤンは、ケーニヒスベルク、メーメル、ブロムベルク、ポズナンニ、ブレスラウに残るドイツ軍の抵抗巣への圧迫を続け、ロコソフスキーは同月一杯を使って東ポンメルンを占領した。かくして、ナチス・ドイツの首都であり第三帝国の心臓部である、ベルリンの占領を目指すソ連軍の最終攻勢の舞台は整ったのである。

年譜
CHRONOLOGY

1939年
8月28日　モスクワで独ソ不可侵条約締結
9月1日　　ドイツ、ポーランドを侵攻
9月3日　　イギリスとフランス、ドイツに宣戦を布告
9月17日　独ソ条約に基づき、ソ連軍が東ポーランドと沿バルト諸国を占領

1940年
8月25日　イギリス空軍のベルリン初空襲

1941年
6月22日　ドイツ軍がバルバロッサ作戦を発動。第2次大戦中でもっとも野心的な作戦で、ソビエト連邦の打倒をめざした

1942年
5月12日　アメリカ第8空軍の先遣隊がイギリスに到着

1943年
2月2日　　スターリングラードに残る最後のドイツ軍が降伏
7月5日　　ドイツ軍が「ツィタデレ」作戦を開始
8月6日　　空襲の被害を軽減するためベルリンで疎開が始まる
11月18日　イギリス空軍が「ベルリンの戦い」を開始

1944年
3月6日　　アメリカ空軍による初のベルリン大空襲
6月23日　ソ連軍がバグラチオン作戦を発動。ドイツ中央軍集団が粉砕された

1945年
1月12日　ソビエト赤軍が、第1、第2、第3白ロシア方面軍と第1ウクライナ方面軍をもって冬季攻勢を開始
1月16日　ヒトラーがベルリンに帰還
1月27日　ソ連軍がアウシュヴィッツ強制収容所を解放
1月31日　ジューコフがオーデル河畔に到達
2月4日　　ヤルタ会談開始
2月11日　ソ連軍がブダペストを占領
3月21日　ハインリーチ、ヴィッスラ軍集団司令官に任命

ベルリン郊外で戦うソビエト軍機関銃チーム。ソビエト軍がベルリンの中心に向かうにつれ、戦車と砲兵が脇役へと退く傍ら、戦いの主役としての重荷は歩兵の双肩にかかっていった。(RGAKFD)

3月23日	第2白ロシア方面軍がダンツィヒへの最終攻撃を開始
3月30日	ダンツィヒ陥落
4月1日	モスクワでソビエト軍最高司令部会議、ジューコフ、コーニェフ、スターリン間で調整
4月9日	赤軍が59日間の包囲戦の後、ケーニヒスベルクを奪取
4月10日	アメリカ第9軍がエッセンとハノーバーを占領
4月13日	ソ連軍がウィーン入城
4月15日	イギリス軍がベルゼン収容所解放
4月16日	ソ連軍がベルリン作戦を発起
4月18/19日	イギリス空軍のベルリン最終爆撃
4月19日	イギリス第2軍がエルベ河畔のラウエンベルクに到達。ジューコフがゼーロウ高地のドイツ軍陣地を突破
4月20日	第2白ロシア方面軍がヴィスワ下流域で渡河攻勢を開始
4月24日	ドイツ第9軍主力がベルリン南東部で降伏。ソ連軍がベルリン西方32キロメートルのナウエン無線送信所を占領
4月25日	ベルリン包囲陣が完成。アメリカ第1軍とソビエト第5親衛軍がトルガウで合流
4月26日	ドイツ第12軍がベルリン救援攻撃を開始。第2白ロシア方面軍がシュテッティン占領
4月29日	ヒトラーがエーファ・ブラウンと結婚、遺言書を作成。クレムリンが西側連合国に相談の無いまま、ウィーンでの暫定政権樹立を発表
4月30日	午後3時20分頃、ヒトラーとエーファ・ブラウンが自決。ソ連軍がライヒスターク(帝国議会議事堂)突入、午後10時50分に赤旗が掲揚される

	5月1日	デーニッツがヒトラーの死をラジオで公表。ゲッベルス夫妻が子女6人を毒殺した後に自決
	5月2日	ソ連軍が帝国官房（ライヒスカンツェライ）に突入。ヴァイトリンク大将の命令によりベルリン守備隊が降伏
	5月4日	在北西ドイツ、オランダ、デンマークのドイツ軍が、モントゴメリー元帥に降伏
	5月6日	ソ連軍が中央軍集団への攻勢を開始。ブレスラウ陥落。
	5月7日	ヨードルがランスの連合国派遣軍最高司令部（SHAEF）司令部で降伏文書に調印
	5月8日	西ヨーロッパおよびアメリカのVEデイ。カイテル、シュトゥンプ、フォン・フリーデブルクが、ベルリンのジューコフ元帥の司令部で降伏文書に調印
	7月1日	アメリカ軍がベルリンに入城。イギリス軍は翌日に到着。
	7月17日	ポツダム会談開始

1947年

7月18日　ニュルンベルク裁判で戦争犯罪人として有罪を宣告された
　　　　　7人の囚人が、刑期に服するためにシュパンダウ刑務所に到着

1948年

6月24日　ソ連が西ドイツとベルリン間のすべての道路と鉄道交通を遮断。
　　　　　西側連合国はベルリン救援のための空輸作戦を強いられる

1953年

6月17日　東ドイツ政府による賃金上昇を伴わない生産ノルマ強化の
　　　　　提案に対し、ベルリンおよび全土で大衆ストライキとデモが発生

1961年

8月12日　東ドイツ政府がベルリンの壁建設に着手

1962年

8月17日　ベルリンの壁を越えようとした18歳の少年、ペーター・フェヒターが
　　　　　撃たれ、恐怖におののく数百人の西ベルリン市民と
　　　　　ジャーナリストの前で失血死するにまかされた

1963年

6月26日　シェーネベルク市庁舎前でジョン・F・ケネディ合衆国大統領が
　　　　　演説をおこなう

1971年

9月3日　ベルリンで四大国（米・英・仏・ソ）が四カ国合意に調印

1989年

11月9日　ベルリンの壁が初めて崩され、数千人の東ベルリン市民が
　　　　　西ベルリン側になだれ込む

1990年
10月3日　東西ドイツが再統一達成

1991年
6月20日　ドイツ連邦議会が統一ドイツの首都をベルリンとすることを決定

1999年
4月19日　イギリスの建築家サー・ノーマン・フォスター指導による四年間に及ぶ改修工事を経て、ドイツ連邦議会がベルリンのライヒスターク(国会議事堂)で初めて開かれる

独ソ両軍の司令官たち
OPPOSING COMMANDERS

ソビエト軍司令官
SOVIET COMMANDERS

　ベルリン作戦の主力となったのはゲオルギー・K・ジューコフ元帥(1896-1974)の第1白ロシア方面軍とコーニェフ元帥の第1ウクライナ方面軍である。村の靴直し屋の家に生まれたジューコフは、1915年にロシア帝国軍に徴兵されたが1918年には赤軍に転じ、1919年には共産党に入党した。1938年には白ロシア軍管区の副官に昇進し、日本のモンゴル侵攻に対処するために極東へと赴いた。対日戦の勝利により陸軍大将に昇進し、キエフ特別軍管区の司令官に任命された。引き続き参謀総長、国防副大臣の地位へと昇っていった。レニングラード方面軍の司令官を務めた際には、ドイツ軍の進撃を門前で食い止めるのに成功し、続いてモスクワ防衛の組織化にあたり、スターリングラード戦、クルスク戦と重要作戦を任され続けた。これらの功績により1943年にはソビエト連邦元帥に昇進した。1944年初めには第1ウクライナ方面軍の司令官となり、6月には「バグラチオン」作戦を指揮した。大戦後

1945年6月5日、連合国総司令官によるベルリン四分割占領統治に関する統一宣言書に署名する、ゲオルギー・ジューコフ元帥。スターリンは常にジューコフの人気を気にかけており、それを抑制する方法を求めていた。その猜疑心は前参謀総長を査問にかけたほどであった。(Topfoto)

1945年5月9日、ベルリンでバーナード・モントゴメリー元帥と握手を交わす、コンスタンチン・ロコソフスキー元帥（左）。ロコソフスキーの第2白ロシア方面軍は、ベルリンへの直接攻撃には参加しなかったが、ベルリン北部のドイツ軍に圧力をかけ続けることで、市街への兵力転用を防いだ。(Topfoto/Novosti)

は、1946年3月までドイツ駐留ソ連軍集団の司令官の座につき、わずかな期間を国防副大臣として務めた後、オデッサ軍管区とウラル軍管区の司令官を歴任した。ジューコフは（コーニェフと共に）1957年6月の政変の際に、内務人民委員部（NKVD）の長官であったラヴレンティー・ベリヤの逮捕に一役買い、フルシチョフの支持に回ったとの噂がある。

イワン・S・コーニェフ元帥（1897-1973）は第一次大戦を戦ったうえで、1918年に共産党に入党した。1920年代半ばにフルンゼ陸軍大学で将校教育を受けた後、1930年代のスターリン粛清の嵐をかろうじて生き延びた。モスクワ防衛戦で西部方面軍を指揮した後、1943年6月にはステップ軍管区司令官に任ぜられ、7月にはステップ方面軍に改組された。コーニェフはコルスン包囲陣の粉砕、ウクライナと南ポーランドの劇的解放で名を挙げた。また、ベルリン奪取とチェコスロヴァキア占領で重要な役割を果たした。戦後、コーニェフはウィーンのソビエト占領地域の軍事長官となり、ワルシャワ条約機構軍の指揮をとり、続いてドイツ駐留ソ連軍集団の司令官となった。

この2個方面軍の側面を固めたのが、第2白ロシア方面軍と第4ウクライナ方面軍であった。第2白ロシア方面

第1ウクライナ方面軍司令官であったイワン・コーニェフ元帥は、スターリンの粛清の嵐をくぐり抜けた幸運の持ち主であった。コーニェフはモスクワ戦を戦い、コルスン包囲陣を粉砕してウクライナを解放した。コーニェフは常にジューコフとの競争関係に置かれ、スターリンはふたりのライバル心を巧みに操った。(Topfoto)

前線指揮所で作戦指揮をとるA・I・イェレメンコ大将（左）。イェレメンコは第2バルト方面軍を含むいくつかの司令官職を歴任したが、1945年3月にはペトロフ大将から第4ウクライナ方面軍を引き継ぎ、コーニェフの第1ウクライナ方面軍と協力して、チェコスロバキアにドイツ中央軍集団を包囲した。(Topfoto)

軍司令官、コンスタンチン・K・ロコソフスキー元帥（1896-1968）は帝政ロシアの騎兵下士官出身で、1918年に赤軍に加わった。

　粛清期間中は投獄されていたが、ソ・フィン戦争後の1940年5月にスターリン直々の命令で釈放された。モスクワ戦で重傷を負ったが、1942年9月に復職しスターリングラード戦に間に合った。クルスク戦では中央方面軍の指揮を執り、終戦までにいくつかの方面軍の司令官を歴任した。戦後は国防副大臣の座につき、続いて国防省総監となった。その後は、ポーランドに戻り（ロコソフスキーはポーランド生まれ）、1949年から1956年にかけて国防大臣を務めている。

　アンドレイ・I・イェレメンコ大将（1892-1970）は、1945年3月末にI・E・ペトロフ大将に替わって第4ウクライナ方面軍司令官の職に就いた。イェレメンコは第一次大戦と革命内戦を戦い抜き、1935年にフルンゼ陸軍大学を卒業した。ポーランド分割にあたっては第6騎兵軍団を率い、1941年にはトランスバイカル軍管区の司令官であったが、ドイツの侵攻開始後にスターリンによって呼び戻され、初めに西部方面軍、つぎにブリャンスク方面軍の指揮を執った。イェレメンコは反撃によりモスクワを目指すドイツ軍に足止めを食らわせ、首都を危機から救った。その後は南東方面軍（その後、スターリングラード方面軍、南部方面軍に順次改称）司令官として、スターリングラード防衛を担った。その後は、カフカス、クリミア、バルト三国、ハンガリーと戦う間に、数々の部隊の指揮を執った。1945年5月には、イェレメンコの第4ウクライナ方面軍はコーニェフ軍と協力して、ドイツ中央軍集団を包囲している。

　ヴァシリー・I・チュイコフ大将（1900-1982）は、ベルリン攻勢で第8親

上左●ベルリン作戦において第8親衛狙撃兵軍司令官をつとめた、ワシリー・チュイコフ大将。ゼーロー高地攻略で同軍は第1親衛戦車軍と共に大損害を喫していた。そのためジューコフはこの二個軍を編合して、以後の作戦を戦わせた。
(Topfoto/Topham)

上右●写真家イェフゲニー・ハルデイ撮影による第1親衛戦車軍司令官ミハイル・カトゥーコフ大将、1945年5月・ベルリンでの撮影。カトゥーコフは第8親衛狙撃兵軍と第1親衛戦車軍が編合された結果、副司令官とされた人事に怒りを覚えていたが、その任務を立派に完遂した。
(Topfoto/Novosti-Topham)

衛軍を率いた。チュイコフは1919年に赤軍に入り、共産党員であったことからまたたくまに昇進していった。フルンゼ陸軍大学に学び、東部ポーランド占領とソ・フィン戦争に参加した後、蔣介石の軍事顧問となった。1942年5月には本国へ召還され、ドイツ第6軍とスターリングラードで死闘を繰り広げる第62軍の司令官となった。続いて第8親衛軍司令官に昇進し、終戦までこの部隊を率いて戦った。戦後は1949年から1953年にかけて、ドイツ駐留ソ連軍集団の司令官を務め、キエフ軍管区の司令官になった後、1955年にソ連邦元帥となり、1960年にはソビエト地上軍総司令官となった。

第1親衛戦車軍を率いたのはミハイル・Y・カトゥーコフ大将（1900-1976）である。カトゥーコフは1919年に赤軍に入り、ゆっくりと昇進し、スターリン士官学校に在学した翌年の1936年に大尉となった。最初の大部隊指揮の機会は、第45機械化団所属第5軽戦車旅団の指揮官となったことで訪れた。その後は第20戦車師団長となり、独ソ開戦に伴い第4戦車旅団、第1戦車軍団、第4戦車軍団の司令官を歴任し、ついには1943年1月に第1親衛戦車軍の司令官となり、大戦終結まで部隊を率いて戦った。戦後は、1951年にヴォロシーロフ陸軍大学に学び、1955年に戦車兵総監となった。1957年には陸軍戦車師団総監の職に就き、国防省の要職ふたつをさらに担った。

ヴァシリー・I・クズネツォフ大将（1894-1964）は第3打撃軍を率い、激闘の末にライヒスターク（帝国議事堂）を奪取した。1941年の戦いではキエフ防衛に務めたが、ブドンヌイ元帥に注意が向くのを避けるために赤軍の敗北の責任を一身に引き受けさせられた。不名誉な時が過ぎる中、ようやくスターリングラード戦で第1親衛軍司令官とし

ワシリー・クズネツォフ大将（二列目の左から三番目）に帝国議会（ライヒスターク）議事堂攻略時の戦況を解説する、第756狙撃兵連隊長F・M・ヅィンチェンコ大佐（指差す人物）。クズネツォフは第3打撃軍司令官として、ゼーロー高地攻略の作戦方針に批判的であった。
(Topfoto/Topham)

帝国官房（ライヒスカンツェライ）、帝国議会（ライヒスターク）、総統地下壕といった中央政府地域の守備隊司令官であったヴィルヘルム・モーンケSS少将。国防軍と武装SS間の対立関係は大戦を通じて解消されることはなく、ベルリン戦においても残った。モーンケはヴァイトリンクを頂点とする「ツィタデレ」の指揮系統を無視し、ヒトラーに直接報告をおこなった。(Topfoto/Topham)

て指揮官職に復帰した。さらに1942年から1943年にかけては、南西方面軍の副官として働いた。クズネツォフは第1白ロシア方面軍の作戦計画に当初から批判的であり、攻勢が頓挫した時点でポピエル将軍に対し、失敗の原因はソ連軍の戦法を熟知するドイツ軍が周到な対抗準備を整えていたためだと指摘した。

F・M・ツィンチェンコ大佐は、ライヒスターク奪取戦に参加した連隊のひとつである、第150狙撃兵師団第756狙撃兵連隊長である。その第1大隊（大隊長ステファン・A・ネウストロイェフ大尉）から発したベレスト少尉率いるM・A・イェゴロフ軍曹とM・V・カンタロフ軍曹の一隊は、午後10時50分に議事堂屋上に赤旗を掲揚した。ウクライナ人の有名な戦争写真家イェフゲニー・ハルデイの撮影した有名な写真は、後に彼らに場面を再演させて撮らせたものである。

ドイツ軍司令官
GERMAN COMMANDERS

　ヘルムート・ヴァイトリング砲兵大将の第56戦車軍団は、当初はテオドール・ブッセ大将の第9軍に属してゼーロー高地防衛の支援にあたっていた。第1白ロシア方面軍が高地を突破した後には、ベルリンへとまっすぐに後退し、ヴァイドリンク自身の賢明な判断には反したものの、ベルリンの防衛強化に益することになった。1945年4月23日、ヴァイトリングはベルリン防衛地域の総司令官となり、司令部をベンドラー街に移した。ヴァイトリングは帝政ドイツ軍人として第一次大戦を戦い、飛行船を戦術任務に使用した。その功績を讃えて勲章を授与されたが、それは月桂樹のリースの上に飛行船をあしらったもので、フリッツ・コーロイバー少将も共に授与されている。大将はまた、クルスク戦で第86歩兵師団を率い、白ロシアから東プロイセンへの後退戦では第41戦車軍団を導いた。

下左●ゴットハルト・ハインリーチ上級大将は、傑出した機甲部隊指揮官として知られたが、ヒムラー解任後のヴィッスラ軍集団の司令官となった。戦争の帰結を理解したハインリーチはヒトラーのベルリン死守命令を拒絶し、ひとりでも多くの将兵と市民を西へと逃れさせることへ、秘かに心血を注いだ。(Topfoto)

下右●ヴァルター・ヴェンク機甲兵大将は、天賦の才に恵まれた参謀将校であった。1945年4月に第12軍司令官となったヴェンクは、エルベ河畔で米軍と対峙していた軍を旋回させただけでなくベルリンへと進撃し、ベルリン外縁で第9軍と合流した。(Topfoto)

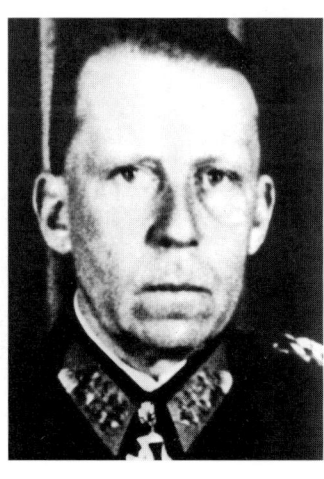 

ヴィルヘルム・モーンケSS少将（1911-2001）は、「ツィタデレ」（ベルリンの内核防衛地域のあだ名）内の「中央政府地域」の防衛司令官であった。この地域には帝国官房、総統地下壕、ライヒスターク（国会議事堂）が含まれた。1911年にリューベックで生まれたモーンケは1931年9月にナチ党に入党し、帝国官房の警備につくSS首都警備隊ベルリンの原隊員のひとりとなった。モーンケは順調に昇進し、1940年のフランス戦では、ライプシュタンダルテ・アードルフ・ヒットラー連隊の第2大隊長であった。後のノルマンディ戦では第12SSヒットラー・ユーゲント戦車師団の第25SS装甲擲弾兵連隊長、アルデンヌ戦では第1SSライプシュタンダルテ・アードルフ・ヒットラー戦車師団長として戦った。モーンケがこれらの職にある間、指揮下の部隊がいくつもの捕虜虐殺事件を起こしたことで戦後訴追されている。代表的なものには、1940年5月、ウォルムーでの英軍捕虜80名の殺戮、ノルマンディ作戦中のフォントネールペヌルでのカナダ兵捕虜35名の殺害、1944年12月、マルメディでのアメリカ兵捕虜84名の虐殺が挙げられる。モーンケは総統地下壕から脱出する際に捕虜になり、10年間の刑期を務めて1955年に釈放された。

　ドイツ中央軍集団の司令官は、新たに昇進したフェルディナント・シェルナー元帥（1892-1973）であった。シェルナーはバイエルンのライプ歩兵連隊に加わり、第一次大戦ではヴェルダンとイソンゾ川で戦い、その働きでプールルメリット勲章（通称ブルーマックス）を授与された。戦後は右翼運動に身を投じ、ライヒスヴェーア（ワイマール共和国軍）に入隊した。第19バイエルン歩兵連隊に配属後、ドレスデン歩兵学校へと入校した。参謀本部でいくつかのポストを歴任した後、1937年には第98山岳猟兵連隊長となり、同時に中佐に昇進した。シェルナーは続いて第6山岳猟兵師団長に補せられ、バルカン作戦を戦った後、独ソ戦ではフィンランド北部の極地で部隊を率いた。その後は第19軍長、第11戦車軍団長を歴任している。1944年3月には上級大将に昇進し、ウクライナ軍集団司令官となった。1945年1月には新たに編成された中央軍集団の司令官に任じられ西方への後退戦を指揮して、東部ドイツを棄て赤軍の手から逃れようとする150万人ものドイツ国民の掩護にあたった。

　ゴットハルト・ハインリーチ上級大将（1886-1971）は、傑出した戦車指揮官で、とりわけ防御作戦を得意としていた。大戦の最終段階では、ヴィッスラ軍集団の指揮を執った。ハインリーチは第一次大戦では東西の両戦線で戦い、野戦指揮と参謀勤務を行き来した。戦後も軍にとどまり、1936年には少将に昇進した。1940年のフランスおよび低地諸国をめぐる電撃戦では第22軍団を率い、「バルバロッサ」作戦ではグデーリアンの配下で第2戦車軍とともに戦った。1942年1月、ハインリーチは上級大将に昇進して第4軍司令官となり、その後の二年間、赤軍相手に見事な防御戦術を確立した。1944年8月には第1戦車軍の指揮を任され、1945年3月にはヴィッスラ軍集団司令官となった。その後、ハインリーチはベルリンの防衛が不可能であることを理解し、ヒッ

1951年9月10日、ボンのとあるホテルで歓談する、元第3戦車軍司令官のハッソー・フォン・マントイフェル機甲兵大将。フォン・マントイフェル軍は、数に優る第2白ロシア方面軍をオーデル川の線で阻止し、七日間にわたって持ちこたえた。（Topfoto/Topham）

トラーの徹底死守命令に抗して、カイテルにより解任された。ハインリーチはフレンスベルクで英軍に降伏し、1948年5月まで捕虜生活を続けた。

ハッソー・フォン・マントイフェル男爵戦車兵大将（1897-1978）は、もはや誰もつきたがらない第3戦車軍司令官となり、ハインリーチのヴィッスラ軍集団の一部として、オーデル河畔でロコソフスキーの第2白ロシア方面軍に対抗した。フォン・マントイフェルは猪武者であったが剛胆さと優れた戦術感も兼ね備えていたため、総統の歓心を引いた。第一次大戦では騎兵将校として戦い、戦後も軍にとどまった。1934年には新編の戦車兵科に転属した。ロンメルの第7機甲師団で歩兵大隊長を務めた後、「バルバロッサ」作戦の開戦劈頭では第6戦車擲弾兵連隊長として奮戦し、騎士十字章を授与された。大佐に進んだ後、北アフリカの第7戦車擲弾兵旅団長となり、チュニジア戦では即成師団を率いた。その後は、第7戦車師団、グロースドイッチュラント戦車擲弾兵師団の師団長を歴任し（この間、騎士十字章に柏葉を追加）、1944年9月には、アルデンヌ反攻作戦への投入を予定されていた第5戦車軍の指揮を委ねられた。続いてフォン・マントイフェルは東部戦線に移され、第3戦車軍司令官となり、その功績で騎士十字章に剣とダイヤモンドをさらに追加された。1945年5月3日、フォン・マントイフェルは第3戦車軍とともに西側連合軍に降伏した。

テオドール・ブッセ歩兵大将（1897-1986）は、フランクフルト・アン・デア・オーデルに生まれ、1915年に士官候補生としてドイツ陸軍に加わり、1917年2月に任官した。戦後は新編のライヒスヴェーアに参加し、第二次大戦勃発後は1941年から1944年にかけていくつもの参謀職を務めた。ブッセは南方軍集団司令官エーリヒ・フォン・マンシュタイン元帥の参謀長として働き、続いて第11軍、ドン軍集団、北ウクライナ軍集団の参謀長職を務め上げた。1944年1月30日には騎士十字章を授与され、第121歩兵師団長と第1軍団長職を歴任した。1945年1月にはベルリンの東にあった第9軍の司令官に補せられた。ソ連軍のベルリン作戦発動後、第9軍は数千人の避難民とともにソ連軍の包囲下に置かれたが、ブッセは後述するヴェンクと謀って、包囲を突破して西進しエルベ河畔の米軍に到達することを目指した。ブッセは捕虜生活（1945-1947）を過ごした後、戦後は西ドイツ政府の民間防衛長官を務め、また軍事史に関する書籍をいくつも著わした。

ヴァルター・ヴェンク戦車兵大将（1900-1982）は、1945年4月10日、第12軍司令官に任命された。ヴィッテンベルク生まれのヴェンクは第一次大戦に従軍するには若すぎたので、戦後にライヒスヴェーアに加わった。ヴェンクは歩兵科に入り、ハンス・フォン・ゼークト上級大将の目に留まり副官となった。ヴェンクは参謀大学に学んで少佐に昇進し、第1戦車師団の作戦参謀としてポーランド戦とフランス戦を戦った。ヴェンクは参謀としての天分の才を高く評価され、キルヒナー将軍の第57軍団の参謀長として迎えられた。その後、一時的にドゥミトレスク将軍のルーマニア第3軍の参謀長として派遣され、スターリングラード作戦を戦った功績で騎士十字章を授与された。続いて、第6軍、第1戦車軍（この時、少将に昇進）、南ウクライナ軍集団の参謀長を務め、また陸軍総司令部（OKH）の作戦部長と参謀副長を務めた。1945年4月には第12軍司令官に任じられた。戦後は米軍の捕虜となり二年間を過ごし、その後、民間会社に移って1955年には取締役会議長となった。

両軍の状況
OPPOSING ARMIES

ソビエト軍
SOVET FORCES

　1945年初めの時点で、赤軍は西部戦線におよそ600万人の兵力を保有し、わずか200万人を越えるだけのドイツおよび枢軸国軍に対抗させていた。全戦線に満遍なく兵力を置くのではなく（ドイツ側はそれを強いられた）、赤軍はソビエト軍最高司令部が掌握する予備兵力システムを作り、作戦の重点を置きたい場所に兵力を集中投入する方式をとった。

　戦争も終局に入って、赤軍はウラル山脈の東に疎開した工場が産する国産兵器だけでなく、アメリカやイギリスからもたらされる膨大なレンド・リース供与物資にも大きく支えられるようになっていた。供与物資には、トラックなどの非装甲車両、戦車、衣料製品、糧食を含んでおり、とりわけ糧食の供給は重要であった。ソ連邦の伝統的な穀倉地帯が永年、枢軸軍の占領下にあったことにより、自力では戦線に展開するソ連軍部隊の莫大な需要をまかなうことはできなかったのである。とはいえソビエト産業界は1944年単年だけでも、29000両の戦車および自走砲、12万2500門の各種火砲と迫撃砲、40300機の航空機、1億8400万発の砲弾、地雷、爆弾を自力生産したのである。

　トラックなどの非装甲車両は赤軍に対し、必要とされる部隊および砲兵の運搬手段だけではなく、補給品と器材の運搬手段をも提供した。工兵支援と兵站の面でソビエト軍はドイツ軍よりも有利な状況にあった。ドイツ軍がトーチカと地雷原を防御に多用したことで、前線の戦闘部隊にはほぼ常に特別工兵大隊の増援が与えられ、その地雷処理戦車や火焔放射戦車、戦闘工兵が活躍することとなった。また、ドイツ軍は撤退の際に、大小河川にかかる橋梁をことごとく爆破していったので、赤軍は数多くの架橋工兵部隊を前線に配置しなければならなかった。これに加えて、一般部隊には河川渡河、沼沢地徒渉のための教育が広く実施された。

　歩兵軍は、親衛、打撃、一般歩兵の各軍に分類される。親衛軍は通常、諸兵科連合部隊として編組され、3個歩兵軍団と1個機甲軍団から構成された。打撃軍にはより多くの砲兵部隊が与えられ、攻勢発起時に敵戦線を必ず打ち破るための突撃部隊の役割が与えられた。残る一般歩兵軍は、口径の小さな火砲を装備し、小火器装備は潤沢であったものの、親衛軍や打撃軍のもつ圧倒的な砲兵火力を欠いていた。また砲兵隊は輓馬牽引がもっぱらの輸送手段であった。補給物資の割当順位は最下位にあり（糧食と被服を含む）、現地調達を期待されていた。訓練も最低限にとどめられたので、結果として、部隊の士気や軍紀は低レベルであった。軍紀レベルは部隊により

工兵の築いたポントゥーン橋を渡って川を越えベルリンへと進む、歩兵を跨乗させたイオーシフ・スターリン2型戦車。ベルリンの市街戦では、スターリン2型のような強力な戦車ですら、ドイツ歩兵の装備する携行対戦車兵器の格好の餌食となった。（RGAKFD）

さまざまであったが、常習化していた大量の飲酒癖が軍紀潰乱や暴力行為を招く原因となっていた。それでも一般に、赤軍（後に、ソビエト軍と改称）では、西側諸国軍では下士官に託されていた管理任務を将校が担っていたので、ソビエト軍兵士は将校との間に良好で密接な絆を築いていた。しかしこの絆はただちに政治委員にもおよぶものではなく、その存在は不信をもってみられていたのである。各軍には1ないし3個の内務人民委員部（NKVD）連隊が付属されており、これは戦闘任務には就かず、後方警戒や交通管制、政治教育の任にあたっていた。どの部隊よりも最低・最悪の存在におかれたのは、懲罰部隊であった。各方面軍には3個大隊、各軍には5ないし10個中隊の懲罰部隊があった。懲罰対象者は等しく「懲罰二等兵」として、将校は懲罰大隊に、兵士は懲罰中隊へと送られた。そこにおいて、戦闘で傑出した働きを示した場合か、戦死するか、負傷が癒えて前線に復帰可能となった場合にのみ、原階級と地位を回復することができた。懲罰部隊はもっとも困難かつ危険な任務へと投入され、数にモノをいわせての敵陣地の奪取や先行して地雷原に入り通路を開く任務を負わされたのである。

　赤軍は、その兵員数に優越していただけでなく、戦車と航空機の装備数でも敵を上回っていた。生産を単純な設計のわずかな車種に絞り込んだことで、製品の出来映えではドイツ戦車に劣っていたものの、ソビエト軍は優秀な戦車を大量に手にすることができた。新型のIS-2（イオーシフ・スターリンの頭文字をとった）こそは、重量60トン、122mm砲を備え28発の砲弾を搭載していたが、ソ連戦車の大半は中戦車であった。主たるものは重量36トン、76mm砲を備えたT-34/76であったが、大戦後期には85mm砲を備え、砲弾70発を搭載するT-34/85が数を増やしていった。45mm砲を備えたT-70軽戦車もあったが、これはもっぱら戦闘間の前線指揮所の警護に用

いられた。親衛機甲部隊は通常、IS-2とT-34/85を装備していたが、他の部隊は各種型式のT-34とレンド・リース供与戦車を装備していた。第2親衛戦車軍は代表的な一例で、76mm砲をもつM4A2シャーマンとわずかな英国製ヴァレンタイン戦車を保有していた。赤軍はまた、駆逐戦車を大規模に運用しており、T-34をベースとしたSU-85やSU-100を完成させた。SU-85は21両をもって1個大隊を編制し、SU-100は65両をもって親衛旅団を編制するのが常であった。これら機甲部隊を支援するために、ソビエト軍は損傷戦車集積所を基幹とする、優れた戦車改修・修理組織を構築しており、修理所はもちこまれた損傷戦車の約半数を修理完了して、部隊へと送り返していたのである。

　ソビエト軍の保有したもっとも強力な地上攻撃機はIℓ-2シュトルモヴィークであり、地上軍との作戦調整を図るために、方面軍、軍、前線旅団の司令部には空軍連絡部隊が派遣された。戦争の最終段階で、ソビエト空軍はドイツ空軍に対し5対1の戦力比を確立しており、戦場上空の支配権を完全に握っていたのである。

　ロシア軍は伝統的に砲兵を「戦場の王者」とあがめており、このベルリン総攻撃においても、突破を決意した地点を目指す攻勢軸に対し、1キロメートルあたりに膨大な門数の火砲を投入可能にする、充分な数の砲兵戦力を集結させた。火砲の主力であったのは牽引式の76mm砲と122mm砲で、加えて、履帯式砲架に載せられた152mm砲や、120mm重迫撃砲といった大口径火砲を装備する独立砲兵連隊が多数あった。この他にも、SU-76、SU-85、SU-100、ISU-122、ISU-152といった各種の自走砲があり、それぞれその数字の口径の火砲を備えていた。SU-76を除いてすべてが密閉式戦闘室をもち、一車種をもって独立砲兵連隊が編制されていた。SU-76は将兵に親しまれた車両で、T-70軽戦車をベースとした対戦車自走砲として開発され、砲弾60発を搭載した。上部開放式戦闘室であるため、もはや対戦車戦闘には不適とされ、歩兵の直協支援に回されていた。1個大隊は各々4両のSU-76を装備する4個中隊により構成された。122mm砲と152mm砲は、より大形のKVとIS戦車の車体に載せられた。KV戦車ベースの122mm自走砲は16両をもって1個連隊を成し、歩兵師団の支援にあてられた。また別に65両から成る親衛旅団も作られた。ソビエト軍はまた、BM-8およびBM-13「カチューシャ」といった多連装ロケット砲（ドイツ軍からは「スターリンのオルガン」と呼ばれた）を運用した。これは最大48門までのロケット砲をトラックの荷台に装置したもので、もっとも一般的なものは射程6000メートルの口径82mm砲と射程9250メートルの口径132mm砲であった。

　赤軍は終戦まで大規模な騎兵部隊を保有しており、ベルリン作戦の戦闘序列にも1個騎兵旅団と12個騎兵師団が記載されている。騎兵部隊は装甲車両では通行困難な森林や沼沢地といった困難な地形で、赤軍に機動力を与えることを意図されていた。1個騎兵軍団は通常、2ないし3個騎兵師団からなり、2ないし4個戦車連隊（戦車70から140両）と1個突撃砲連隊、各種砲兵部隊が追加されることで、火力の徹底強化がなされていた。騎兵軍団はしばしば機械化もしくは戦車軍団と対にされ、特別騎兵機械化集団を形成した。

ソビエト軍戦闘序列
SOVIET ORDER OF BATTLE

■第2白ロシア方面軍 – K・K・ロコソフスキー元帥

●第2打撃軍 – I・I・フェデュリンスキー大将
第108および第116狙撃兵軍団

●第65軍 – P・I・バトフ大将
第18、第46および第105軍団

●第70軍 – V・S・ポポフ大将
第47、第96および第114狙撃兵軍団

●第49軍 – I・T・グリシン大将
第70および第121狙撃兵軍団
第191、第200、第330狙撃兵師団

●第19軍
第40親衛、第132および第134狙撃兵軍団

●第5親衛戦車軍
第29戦車軍団

●第4航空軍 – K・A・ヴェルシニン大将
第4航空突撃、第5航空爆撃機および第8航空戦闘機軍団

■第1白ロシア方面軍 – G・K・ジューコフ元帥

●第61軍 – P・A・ベロフ大将
第9親衛、第80および第89狙撃兵軍団

●第1ポーランド軍 – S・G・ポプロフスキー中将
第1、第2、第3、第4および第6ポーランド歩兵師団

●第47軍 – F・I・ペルホロヴィッチ中将
第77、第125および第129狙撃兵軍団

●第3打撃軍 – V・I・クズネツォフ大将
第7狙撃兵軍団 – V・A・クリストフ少将/Y・T・チェイェルヴィチェンコ大将
第146、第265および第364狙撃兵師団
第12親衛狙撃兵師団 – A・F・カザニン中将/A・A・フィラトフ少将
第23親衛、第52親衛および第33狙撃兵師団
第79狙撃兵軍団 – S・I・ペレヴェルトキン少将
第150狙撃兵師団 – V・M・シャチロフ少将

第171狙撃兵師団 – A・P・ネゴダ大佐
第207狙撃兵師団 – V・M・アサフォフ大佐
第9戦車軍団 – I・F・キリチェンコ少将

●第5打撃軍 – N・E・ベルザリン大将
第9狙撃兵軍団 – I・P・ロスリイ少将/中将
第230、第248および第301狙撃兵師団
第26親衛軍団 – P・A・フィルソフ少将
第89親衛、第94親衛および第266狙撃兵師団
第32狙撃兵軍団 – D・S・ジェレビン中将
第60親衛、第295および第416狙撃兵師団

●第8親衛軍 – V・I・チュイコフ大将
第4親衛狙撃兵軍団 – V・A・グラゾノフ中将
第35親衛、第47親衛および第57親衛狙撃兵師団
第28親衛狙撃兵軍団 – V・M・シュゲイェフ中将
第39親衛、第79親衛および第88親衛狙撃兵師団
第29親衛狙撃兵軍団 – P・I・ザリジュク少将
第27親衛、第74親衛および第82親衛狙撃兵師団

●第69軍 – V・Y・コルパクチ大将
第25、第61および第91狙撃兵軍団
第117および第283狙撃兵師団

●第33軍 – V・D・スブォターエフ大将
第16、第38および第62狙撃兵軍団
第2親衛騎兵軍団
第95狙撃兵師団

●第16航空軍 – S・I・ルデンコ大将
第6および第9航空突撃軍団
第3および第6航空爆撃機軍団
第1親衛、第3、第6および第13航空戦闘機軍団
第1親衛、第240、第282、第286航空戦闘機師団
第2および第11親衛航空突撃師団
第113、第183、第188および第221航空爆撃機師団
第9親衛および第242航空夜間爆撃機師団

●第18航空軍 – A・Y・ゴロヴァノフ上級大将
第1親衛、第2、第3および第4航空爆撃機軍団
第45航空爆撃機師団
第56航空戦闘機師団

●第1親衛戦車軍 – M・Y・カトゥーコフ大将
第8親衛機械化軍団 – I・F・ドリゲモフ少将

第11親衛戦車軍団－A・H・ババシャニアン大佐
第11戦車軍団－I・I・ジュシュク少将

●第2親衛戦車軍－S・I・ボグダノフ大将
第1機械化軍団－S・I・クリヴォシェイナ中将
第9親衛戦車軍団－A・F・ポポフ少将
第12親衛戦車軍団－M・K・テルタコフ少将/A・T・シェブチェンコ大佐

●第3軍－A・V・ゴルバトフ大将
第35、第40および第41狙撃兵軍団

■第1ウクライナ方面軍－I・S・コーニェフ元帥

●第3親衛軍－V・N・ゴルドフ大将
第21、第76および第120狙撃兵軍団
第25戦車軍団
第389狙撃兵師団

●第13軍－N・P・プーコフ大将
第24、第27および第102狙撃兵軍団

●第5親衛軍－A・S・ジャドフ大将
第32、第33および第34親衛狙撃兵軍団
第4親衛戦車軍団

●第2ポーランド軍－K・K・スウィルツェウスキー中将
第5、第7、第8、第9および第10ポーランド歩兵師団
第1ポーランド戦車軍団

●第52軍－K・A・コロテイェフ大将
第48、第73および第78狙撃兵軍団
第7親衛機械化軍団
第213狙撃兵師団

●第2航空軍－S・A・クラソフスキー大将
第1親衛、第2親衛および第3航空突撃軍団
第4および第6親衛航空爆撃機軍団
第2、第5および第6航空戦闘機軍団
第208航空夜間爆撃機師団

●第3親衛戦車軍－P・S・ルイバルコ大将
第6親衛戦車軍団－V・A・ミトロファノフ少将
第7親衛戦車軍団－V・V・ノヴィコフ少将
第9機械化軍団－I・P・スーチョフ中将

●第4親衛戦車軍 – D・D・レリュシェンコ大将
第5および第6親衛機械化軍団
第10親衛戦車軍団

●第28軍 – A・A・ルチンスキー中将
第20、第38親衛および第128狙撃兵軍団

●第31軍 – V・K・バラノフ中将
第1親衛騎兵軍団

ドイツ軍
GERMAN FORCES

　ソ連軍の指揮系統を特徴づけているのが厳格な中央からの統制だったのに対し、ドイツ軍のそれは混乱し錯綜したものであった。アードルフ・ヒットラーは国防軍の作戦行動に関して自ら絶対的な統制を課していたが、人里離れた司令部地下壕を転々とするばかりで、しだいに現実から乖離するようになった。ヒットラーの側近たちは影で権力と影響力行使の闘争に明け暮れるばかりで、ヒットラーを地下壕の外で起きている現実に引き戻すための何らの手も打たずにいた。1945年1月16日、ヒットラーはついに帝国官房（ライヒスカンツェライ）の地下に置かれた総統地下壕に入った。総統地下壕は永年、通信施設の完備が怠られたままになっており、大戦中にヒットラーの使ってきた他の司令部のような充実した機能を欠いていた。電話交換台は一人用のものが1台のみ、あとは無線送信機と無線電話が各1基あるだけで、それもアンテナを気球で揚げる必要のある形式であった。

　ヒットラーの精神状態は、ストレス、過労、暗殺未遂事件と健康の悪化にさいなまれ、良いものではなかった。ヒットラーは、1941年12月以来、国防軍と陸軍の指揮権を一身に引き受けていた。しかも、東部戦線の作戦指導を陸軍総司令部（OKH）の専管による直轄事項とし、他の戦線の作戦指導に関しては国防軍総司令部（OKW）に任せるという、複雑な指揮体系を敷いていた。このため、ふたつの司令部はその任務をまっとうするために、少ない戦争資源を奪い合うことを強いられた。加えて、ヒットラーが参謀本部に求めていた態度も大きな摩擦の原因となっていた。自己の命令に対し疑問をさしはさむことを許さぬ絶対的服従を求めるヒットラーの考えは、相互信頼と意見の交換を重んじる伝統を培ってきたドイツ参謀本部の流儀と、真っ向からぶつかったのである。このことの背後には、ヒットラーのもつ有力社会階級への反感と暗殺未遂事件のなりゆきに追従した参謀本部に対する不信があった。

　ヒットラーの指揮統制システムのうむ混乱は、国防軍の実際のありように如実に物語られていた。混乱のひとつの事例は、戦線から退いて予備に組み入れられた軍および軍団司令部の扱いにみられた。組織を再編ないしは新編する際に、その司令部の元来の所属や果たしていた機能はまったく考慮されなかったのである。そのため、第5SS山岳軍団にはSS師団は1個しかなく、山岳部隊はまったくなかった。また、第11SS戦車軍団は歩兵部隊だけで編制されるという体たらくであった。

戦争の進展とともに年々累積する損害の大きさの前に、ドイツ歩兵部隊のもつ資質は確実に低下していった。1943年以降は、歩兵のかなりの部分は、ドイツ帝国の縁辺に属する、フォルクスドイッチェと呼ばれるドイツ領に編入されたドイツ系民族から徴募せざるを得なくなったからである。多くの上級指揮官が部隊の戦闘能力を疑問視するようになっていた。いまやドイツ国内で編成された部隊であっても、そのなかには、アルザス人やポーランド人といった外国人の割合が増えており、当然、第三帝国のために喜んで一命を捧げるはずはなかったからである。機甲部隊はこれほどの人的資源の困難には直面していなかったが、燃料不足がますますひどくなってきたことで機動力に難問を抱えることになった。しかも、ルーマニアとハンガリーの油田への連絡路が失われてからは、状況はさらに悪化した。このため訓練機会が削減されることになり、戦車部隊の練度低下を招くことが懸念された。それでも総合的に見て、ドイツ機甲部隊の技量はいまだにソ連軍のそれよりも優れていたが、独ソ戦の開始当初にみられたような決定的な実力の差はいまや失われようとしていた。

　1943年から1944年にかけてドイツの戦車生産数は大幅に増やされたが、それでもソビエトの戦車生産には追いつきようがなかった。戦時工業生産は、1943年のアルベルト・シュペーアによる改革の後も、依然としてドイツのアキレス腱であった。たしかに戦前のドイツ重工業界の生産力はソ連邦の生産力を大幅に凌駕しており、1939年と1940年の勝利によりヨーロッパの生産能力の大きな部分がドイツの管理下に入った。さらに、1941年の侵攻はソ連邦の潜在的な工業生産力を根こそぎ奪う形となった。こうまでしながらも、ドイツはソ連邦の生産力増強に歩調を合わせることができなかったのである。その原因の一部は連合国の爆撃攻勢による被害にあったが、主たる原因は、政府首脳の多くが現代の工業化された戦争を戦う上での、経済運営の重要さを理解していなかったことに求められた。ドイツ工業界が総力戦体制に入ったのは、戦争も後半となってからのことであった。膨大な数の人命を消尽させた第一次大戦は、この大戦では莫大な量の資源の消費を要求する戦争に姿を変えたのであり、ドイツはその挑戦に破れたのである。この戦略的失策は、戦争が終局段階に入った時点で、明白な事実としてたち現れたのである。

　ドイツ軍の兵力のなかには、国民突撃隊（フォルクスシュトゥルム）と呼ばれる郷土防衛軍が組み入れられていた。この部隊は地区防衛と防御施設の建設を担っていた。隊員は、非常時に銃をとることができるが兵役には不適とされた、16歳以上の男子から構成された。しかし部隊の実情は年配者が多数を占め、多くの第一次大戦の退役軍人を含んでいた。地区ごとに中隊や大隊が編成されたが、標準編制表が定められていなかったので、大隊の兵力は600名から1500名と部隊によりまちまちであった。部隊指揮官はナチ党により任命されたので、兵役経験者がつくこともあれば、地方行政官がそのまま指揮官となる例もあった。

　ドイツ地上兵力の主力が依然としてドイツ陸軍であることに変わりはなかったが、1944年7月の叛乱が失敗した結果、陸軍将校の粛清がおこなわれ、ナチ党の教義を注入するために、党の政治指導将校が各地の編成司令部に配置されていた。SS長官兼警察長官であったハインリヒ・ヒムラーが、大きな影響力を行使できる、予備役と郷土防衛軍の長官となった。その結果、

すべての補充兵は、新たに編成された国民防衛軍（フォルクスヴェーア）の国民擲弾兵部隊か国民砲兵部隊への入隊を義務づけられた。部隊は政治的信頼性が高いと考えられ、優先的に人員と装備の充当を受けた。陸軍に次いで多くの地上部隊を保有していたのは、同じくヒムラーの掌握下にある武装SSであった。こちらも陸軍に優先して装備の支給を受けており、奴隷労働キャンプを主とする独自の供給源をもっていた。徴兵関係の法令の存在から陸軍との競合は不可能であったため、人的資源の供給源は他に求められ、フランス外人部隊を思い起こさせる部隊が増えていった。1945年に入ると武装SSの将軍たちのヒットラーへの忠誠もあやしいものとなり、最終勝利を信じるものはもはや皆無となった。ベルリンが最後の頼みとした兵力は、ウンター・デン・リンデン通りのツォイクハウス（王制当時の武器庫）の向かいに司令部を置く、ベルリン守備隊であった。ベルリン守備隊は寄せ集めの部隊であり、憲兵、正規軍守備隊、数千名の捕虜および奴隷労働者、懲罰部隊、工兵部隊それにグロースドイッチュラント警護連隊から構成されていた。守備隊は第3軍管区の一部であり、平時には第3軍団により管理された。第3軍団が出征した場合には、留守司令部が残り、これは予備役もしくは郷土防衛軍の管轄下に置かれた。

　ドイツ空軍は、リッター・フォン・グライム上級大将の第6航空艦隊の他にも、三種類の地上兵力を保有していた。第一のものは降下猟兵部隊と呼ばれる、ドイツ軍のエリート空挺部隊である。初期の補充要員のほとんどは空軍の非飛行職種からとられ、エリート部隊としての伝統を厳しい訓練で叩き込まれた。部隊はしばしば特殊攻撃部隊として陸軍と行動をともにした。だが、のちの補充兵には飛行機をもらえない航空機搭乗員も含まれ、訓練もいい加減なものであった。ふたつ目の地上兵力は防空砲兵部隊である。空軍は全ドイツ防空兵力の実に90パーセントを供給しており、陸軍に対しても野戦師団レベルに至るまで部隊が分遣されていた。空軍の防空砲兵はエリート部隊として設立され、戦争の全期間その闘志を維持し続けた。高射砲中隊が機動砲兵としても活躍する場面も多く、敵に蹂躙されるまで戦い続けた。1945年に入るまでベルリン防衛の主役となったのは、連合軍の爆撃作戦と戦う防空砲兵部隊であった。防空を担ったのは第1「ベルリン」高射砲師団であり、フリードリヒスハイン、フンボルトハイン、ツォー（動物公園）の三つの公園に設けられた高射砲塔に努力は集約された。それぞれの高射砲塔は、厚さ1.8メートルのコンクリート壁をもち開口部に鋼鉄製ドアを備えた本格的要塞であった。ベルリン周辺にはこれ以外にも、大形建造物の平坦な屋上を利用した、1ダースあまりの恒久防空陣地が置かれた。これらの陣地は地上戦が始まった場合にも火力支援役を期待され、また観測点や防御陣地として機能することも求められていた。第三の地上兵力は1942年に発足した空軍野戦師団であり、兵員は訓練機関、高射砲部隊、地上勤務組織から集められ、歩兵として戦ったのである。

　ドイツ軍は多種多様にわたる、戦車、自走砲、駆逐戦車を開発装備していた。しかし絶望的な状況に立ち至ったこの時、部隊は手に入る兵器ならば何でも使用して戦った。IV号戦車は戦争全期間を通じて改良を重ねながら生産されたが、最新型は48口径75mm砲を備えて、T-34/85戦車に対抗できるようになっていた。大戦後半のドイツ戦車設計はT-34の影響を大きく受けていたが、その申し子ともいえるのは、重量45トン、傾斜装甲、幅広

履帯、70口径長砲身75mm砲を備えたV号戦車パンターであった。さらに、56口径88mm砲を備えた重量55トンのVI号戦車ティーガーIと、戦場の支配者たるべく開発された71口径88mm砲を備えたティーガーIIがこれに続いた。駆逐戦車には、70口径75mm砲を備えたIV号駆逐戦車、71口径88mm砲を備えたヤークトパンター、55口径128mm砲を備えた、重量70トンのVI号駆逐戦車ヤークトティーガーがあった。軽駆逐戦車としては、48口径75mm砲を備えたヘッツァー軽駆逐戦車とIII号突撃砲。さらには、46口径75mm砲を備えたマルダー対戦車自走砲や各種の対空自走砲も存在した。ドイツ機甲部隊の死命を制していたのは燃料供給であり、連合軍の爆撃作戦は燃料生産施設を優先攻撃目標のひとつとしていた。

　ドイツ軍の強さの秘訣は、部隊錬成度の高さ、柔軟な指揮システム、再編成の素早さにあり、とりわけ防御戦闘にその才が際立った。ドイツ軍の野戦司令部は小さなものとされ、前線直近にあって指揮下部隊と密接な連絡を維持した。将校は充分に教育され、即座に決断を下すことができた。その指揮哲学においては、不意事態の発生は常のものとされ、即座に果断な行動に打って出ることが肝要とされたのである。そのため、その指揮システムにおいては、指揮官同士が互いを良く知り、信頼しあうことが求められたのである。

ベルリン郊外の路上で停車するJSU122対戦車自走砲。重SU自走砲は、KV戦車やIS（スターリン）戦車のシャシーを使って開発された。ドイツ側も戦車のシャシーを転用してIV号駆逐戦車やヤークトパンターを完成させている。（RGAKFD）

ドイツ軍戦闘序列
GERMAN ORDER OF BATTLE

ベルリン防衛に直接関与した部隊に関しては、詳細を記してある

国防軍総司令部（OKW）予備　（のちに第9軍第56戦車軍団に配属）
第18戦車擲弾兵師団－ヨーゼフ・ラウフ少将

■ヴィッスラ軍集団－ゴットハルト・ハインリーチ大将

第3SS「ゲルマニッシュ」戦車軍団－フェリックス・シュタイナーSS中将

（のちに第9軍に配属された師団）
第11SS「ノルトラント」戦車擲弾兵師団－ユルゲン・ツィーグラーSS少将/ドクトル・グスタフ・クルーケンブルクSS少将
第23SS「ネーデルラント」戦車擲弾兵師団－ヴァグナーSS少将

（のちに第3戦車軍に配属された師団）
第27SS「ランゲマルク」擲弾兵師団
第28SS「ワローニエン」擲弾兵師団

●第3戦車軍－ハッソー・フォン・マントイフェル大将
「シュヴィーネミュンデ」軍団－アンザット中将
　　第402および第2海軍師団

第32軍団－シャック中将
　　「フォイクト」および第281歩兵師団
　　第549国民擲弾兵師団
　　シュテッティン守備隊

「オーデル」軍団－フォン・デム・バッハSS中将/ヘーエルンライン大将
　　第610および「クロッセク」歩兵師団

第46戦車軍団－マルチン・ガライス大将
　　第547国民擲弾兵師団
　　第1海軍師団

●第9軍－テオドール・ブッセ大将
第156歩兵師団
第541国民擲弾兵師団
第404国民砲兵軍団
第406国民砲兵軍団
第408国民砲兵軍団

第101軍団－ヴィルヘルム・ベルリン大将/フリートリヒ・ジクスト中将

第5軽歩兵師団
　　　第606歩兵師団
　　　第309「ベルリン」歩兵師団
　　　第25戦車擲弾兵師団
　　　「千夜一夜」戦闘団

　第56戦車軍団 – ヘルムート・ヴァイトリング大将
　　　第9降下猟兵師団 – ブルーノ・ブライアー将軍/ハリー・ヘルマン大佐
　　　第20戦車擲弾兵師団 – ゲオルク・ショルツェ大佐/少将
　　　「ミュンヒェベルク」戦車師団 – ヴェルナー・マンマート少将
　　　第1および第2「ミュンヒェベルク」戦車擲弾兵連隊

　第11SS戦車軍団 – マティアス・クラインハイスターカンプSS大将
　　　第303「デーベリッツ」歩兵師団
　　　第169歩兵師団
　　　第712歩兵師団
　　　「クルマルク」戦車擲弾兵師団

　フランクフルト・アン・デア・オーデル守備隊 – エルンスト・ビーラー大佐/少将

　第5SS山岳軍団 – フリードリッヒ・ヤッケルンSS大将
　　　第286歩兵師団
　　　第32SS「1月30日」国民擲弾兵師団
　　　第391 Sy師団

■中央軍集団 – フェルディナント・シェルナー元帥

●第4戦車軍 – フリッツ=ヘルベルト・グレーザー大将
（のちに第9軍に配属）
第5軍団 – ヴァグナー中将
　　　第35SS警察擲弾兵師団
　　　第36SS擲弾兵師団
　　　第275歩兵師団
　　　第342歩兵師団
　　　第21戦車師団

●第12軍 – ヴァルター・ヴェンク大将
第20軍団 – カール=エリック・ケーラー将軍
　　　「テオドール・ケルナー」RAD師団
　　　「ウルリッヒ・フォン・フッテン」歩兵師団
　　　「フェルディナント・フォン・シル」歩兵師団
　　　「シャルンホルスト」歩兵師団

第39戦車軍団 – カール・アルント中将
（1945年4月12日から21日にかけては、以下の編成で国防軍最高司令部

（OKW）の指揮下にあった）
　「クラウゼヴィッツ」戦車師団
　「シュラゲター」RAD師団
　　第84歩兵師団
（1945年4月21日から26日にかけては、以下の編成で第12軍の指揮下にあった）
　「クラウゼヴィッツ」戦車師団
　　第84歩兵師団
　「ハンブルク」予備役歩兵師団
　「マイヤー」歩兵師団

第41戦車軍団 – ルードルフ・ホルステ中将
　「フォン・ハーケ」歩兵師団
　　第199歩兵師団
　「V号兵器」歩兵師団

第48戦車軍団 – マクシミリアン・フライヘア・フォン・エーデルスハイム将軍
　　第14高射砲師団
　「ライプツィヒ」戦闘団
　「ハレ」戦闘団

未組織部隊
「フリードリヒ・ルートヴィヒ・ヤーン」RAD師団 – ゲーアハルト・クライン大佐
/フランツ・ヴェラー大佐
「ポツダム」歩兵師団 – エーリヒ・ローレンツ大佐

両軍の作戦計画
OPPOSING PLANS

連合軍の戦略
ALLIED PLANS

ソビエト首相イオーシフ・スターリンにとっては、ベルリンこそが第二次大戦における最も重要な目標であり、赤軍がモントゴメリー元帥の英第21軍集団に遅れをとることを何よりも恐れていた。イギリス軍はオランダから北ドイツへと急速に進出しており、西部戦線におけるドイツ軍の抵抗は、1944年12月のアルデンヌ作戦（バルジの戦い）の失敗と1945年3月のルール包囲陣でのB軍集団の降伏で、崩壊寸前の状態にあったのである。だがこの成功も、連合軍最高司令官ドワイト・D・アイゼンハワー大将の変心により、無益に帰されようとしていた。1944年9月、アイゼンハワーは指揮下の重要司令官であるモントゴメリーと米軍のオマー・ブラッドレー大将に書

1945年4月、ベルリン中心部の戦闘でドイツ軍防御拠点に肉迫して砲撃を加えるソビエト砲兵。写真背後の埃のたち方や砲身の仰角からすると、近くの建物の上層階を砲撃して、ドイツ兵を拠点から追い出そうとしているのであろう。（イギリス帝国戦争博物館、IWM, FLM3350）

簡を送り、ベルリンは最重要目標であることと、ベルリンに向けて最短距離かつ効率的な進撃路をとる考えであることを、明らかにした。モントゴメリーは返書を送り、その中で、最高司令官はベルリンに向かうため最も必要な事項を明確化し、それに基づく作戦計画を練って部隊を再編し、そして速やかに作戦を実施に移し戦争を終わらせるべきであることを論じた。

　アイゼンハワーの戦略は常に広正面をもって前進することを好んだが、その陰では、カッセル付近と予想される、連合軍が再び連携し連続した戦線が形成された場合に生起が予想される事態に関する判断が欠落しており、ともかく東進を続けるという漠然とした了解があるのみであった。英軍は初めからベルリンを最終目標と定めており、第21軍集団をして北および東方向へ突進するための主攻部隊であるとみなしていた。アイゼンハワーは、ルール地区の掃討支援と称して米第9軍をブラッドレーの指揮下に戻し、その後にエアフルト＝ライプツィヒ＝ドレスデンの線へと東進することを命じるという、広正面攻勢に向けた計画を次々と打ち出すことで英軍の考えを巧みに骨抜きにした。この構想では、モントゴメリーの第21軍集団は米軍の北側面、ジェイコブ・ディーバース大将の米第6軍集団は米軍の南側面を掩護するものとされていた。つまりアイゼンハワーの

鹵獲したパンツァーファウスト対戦車ロケット砲を肩にするソビエト軍兵士。パンツァーファウストは使い捨ての携行対戦車兵器で、大量生産されてドイツ兵士に供給されたため、ソビエト戦車にとっては重大な脅威となった。(RGAKFD)
(訳者注：ソビエト兵士も大量に鹵獲したパンツァーファウストを陣地破壊用のロケット砲としてドイツ軍に向けたが、製造不良か故意の工作による結果なのか、発射直後に爆発して射手が死傷するケースがあり、それを目撃した同輩のソビエト兵は使用を中止したという)

ベルリンへの途上で橋を渡るソビエト軍のSU-76自走砲と歩兵。ドイツ軍主戦線を打ち破って急進する戦車軍を追及して支援するのに、自走砲と呼ばれる兵器システムは大いに役立った。(RGAKFD)

戦略とは、西側連合軍の進撃はブラッドレーを中核として進め、ドレスデン付近で前進するソビエト軍と会合して、ドイツを二分するというものだったのである。こうなるとアイゼンハワーにとってベルリンは、地図上のただの一地点にすぎなかった。アイゼンハワーがこの決心を下した時点で、モントゴメリーの英第21軍集団はいまだベルリンまで480キロメートルの地点にあったのに対し、オーデル河に達していたソビエト軍は残り80キロメートルまで迫っていたのである。しかも、ルール包囲陣内に残るモーデルのB軍集団はいまだ武装解除への適切な対処をする必要があり、その間にもヒットラーはバイエルンやオーストリアの山地に置かれた「国家堡塁」に引きこもってしまいかねなかったのである。もしそうなれば、これを撃破するために更なる月日と多くの人的物的資材をつぎ込む必要があった。アイゼンハワーがかねがね、軍事作戦の目的は政治目標の追求にあると公言していたことや、ベルリンが政治目標としてとりわけ重要な存在であること、ベルリンにはなおヒットラーが留まっており、その逮捕ないしは死亡はドイツ国民の抵抗意志を挫くであろうことなどを考慮するならば、アイゼンハワーが突然翻心し、ベルリンは無価値であると表明したことは、まったくもって理解しがたい事実なのである。

　モスクワを大いに喜ばせたこの心変わりの知らせは（3月28日に、スターリン、統合参謀本部長、英参謀本部長宛に送られた）は、ロンドンを慌てふためかせた。英参謀本部長は、アイゼンハワーがスターリンと直談判をしたと邪推し、激怒した。この変心はフランクリン・D・ルーズベルト大統領、ウィンストン・S・チャーチル首相、英米政府、英米参謀本部を無視した、越権行為による仕業と受け取ったのである。チャーチル自身はアイゼンハワーの判断に一定の理解を示しており、アイゼンハワーのワシントンにおける名声がこの当時きわめて高いことを熟知し、またソビエトとの間で折り合いを付けるための落としどころを引き出すことの重要さも理解していた。しかし、計画の変更については攻勢軸の変換を意味することから批判的であった。西側連合国の急進撃はソ連軍を驚かせかつ困らせることになるのであり、それがゆえベルリンへの進撃は西側連合国にとって最重要事項なのであった。チャーチルは現在目の前で繰り広げられている大戦争の結末だけでなく、早くも次の一戦の始まりを予期していたのである。すでにソビエトはヤルタ会談の合意に背いて進撃していた。こうなっては連合軍は可能な限り東へと進んでソビエト軍と合流せねばならず、ウィーンがソビエトの手中に落ちることが明白なこの時点では、ベルリンの奪取は西側の必是として求められていたはずである。アイゼンハワーはしかし、ブラッドレーと米統合参謀本部長の支持を得て、頑として持論を守り続けた。

　スターリンのアイゼンハワーへの回答は、おおむね連合軍最高司令官の考えに沿うものであった。

●第1項、赤軍と西側連合軍は、エアフルト＝ライプツィヒ＝ドレスデンの線で会合するものとする。
●第2項、ベルリンはその戦略的重要性を喪失しており、その占領には二線級部隊が派遣される。
●第3項、ソビエト軍の主攻勢は5月の第二週に開始する。
●第4項、ドイツ軍は東部戦線を、第6SS戦車軍とイタリアからの3個師団、

ノルウェーからの２個師団とで増強中である。

　この返答の第２項と第３項は明らかに、スターリンの意図的なごまかしであり、本来の作戦計画を覆い隠そうとしたものであった。ソビエトとしては、ベルリンに最初に入城することは、中東欧における共産党支配の強化とソビエトの名声を高めることに益すると判断したのである。これは現実に進行している事態の見事な反映であった。さらにスターリンの、連合軍より先に速やかにベルリンを奪取せよというこだわりは、こうした政治的事情だけでなく、戦略的事情にも影響されていたと信じうる証左がある。スターリンはベルリン南西郊外にあるカイザー・ヴィルヘルム工業大学を連合軍より先に確保することを、切に望んでいた。その張り巡らせたスパイ網を通して、スターリンはアメリカの原爆開発であるマンハッタン計画が完成段階にあることをつかんでいた。ソ連独自の原爆開発計画である「ボロディノ」作戦は開発が遅れており、ソビエトの科学者たちはドイツの科学者たちが到達した成果を知りたがっていたのである。実際にベルリン占領に伴い、内務省（NKVD）部隊は３トンもの酸化ウラニウムを手に入れた。不足していたこの物質を入手したことで、ソビエトの原爆開発は一気に加速されたのである。ベルリン占領後の連合国による分割統治はすでに合意されていたにも関わらず、ベルリンを最初に占領することへの決意と願望は、ソビエト軍の一兵士に至るまで心に深く刻み込まれていった。
　スターリンは４月１日に開かれた重要計画会議の席上、居並ぶジューコフとコーニェフの両元帥、アントノフ大将（ソビエト軍参謀総長）、シュティメンコ大将（主任作戦部長）を前にして、シュティメンコに電報を読み上げるように命じた。その内容は、西側連合軍がベルリン占領を計画しており、エルベ河畔に接近中であるモントゴメリーの第21軍集団は、赤軍に先んじてベルリンに到達しうる、というものであった（この電報が誤った情報に基づくものか、作為的な一文だったのかの判断は、意見が分かれるところである）。二人の野戦軍司令官はすぐさまその場で、それぞれがベルリンに一番乗りする用意のあることを断言した。しかし配置としては、ジューコフの方がベルリンの真東という好位置にあり、コーニェフはその南にあった。コーニェフがドイツの首都に直接突入するには、時間をかけて部隊を再配置する必要があった。常日頃からライバルを競わせることを好むスターリンは、ソビエト軍最高司令部によって引かれた方面軍間の作戦境界線がナイセ河流域のグーベンの南から、ミッヒェンドルフを経てエルベ河畔のシェーネベックに達しているのを知っていた。スターリンは黙ってその線をシュプレー川のリッベンまで消して、ここから先のことは指揮官たちに一任すること、つまりはこの地点に先に到達したものに、ベルリンへの最初の一撃を加える栄誉を与えることを暗にほのめかした。ジューコフの北では、ロコソフスキー元帥の第２白ロシア方面軍が東プロイセンの敵を相手としていたが、作戦参加が可能になり次第、西へ転じてベルリン北部をめざすこととされた。コーニェフの南では、第４（司令官Ｉ・Ｅ・ペトロフ上級大将次いでＩ・Ａ・イェレメンコ大将）および第２ウクライナ方面軍（司令官ロディオン・Ｙ・マリノフスキー元帥）が、チェコスロバキア領に進攻しその南部まで進出する。さらにフェードル・Ｉ・トルブーヒン元帥の第３ウクライナ方面軍が、ハンガリー領内を西進してオーストリアに進攻する予定となっていた。

両元帥は48時間後に作戦草案を提出することを求められた。両司令官にしてみれば数週間も続いた激戦の後だけに、当初は部隊を停止して休ませ、新しい装備を与え補充部隊を配置して、5月に予想される次の一大攻勢に備える目算であった（スターリンがアイゼンハワーに告げた作戦のこと）。しかし、スターリンが彼らに早々の作戦発起を求めているのは明白であった。ベルリンに一番槍をつける役を競う二人の司令官の考えは、それぞれに異なっていた。ジューコフの第1白ロシア方面軍はベルリンの東わずか80キロメートルにまで達しており、すでにキュストリンでオーデル河に小橋頭堡を確保していた。ジューコフはここで140基のサーチライトによりドイツ兵に目つぶしをしかけ、1万門の火砲をもって30分間の短時間集中砲撃をかける方法を考案した。ジューコフにとっては作戦の秘匿が大問題であった。方面軍の突撃第一波（4個野戦軍と2個戦車軍および側面掩護の2個野戦軍）を狭い橋頭堡に集中させる必要があったのに、この年は春の訪れが遅く樹々は丸坊主のままで、地面もぬかるんだままだったのである。一方コーニェフは、145分間におよぶ連続砲撃をもって夜陰に乗じて攻撃をかける考えであった。総じてみて、ソビエト軍は前線の4メートルごとに1門の密度で火砲を配置する計算であった。砲撃と突撃波の向かう先は、なんとしても精確に敵陣地の所在をつかみ襲わなければならなかった。しかし、大規模に実施された空中および地上偵察の結果は不調であり、ジューコフはゼーロー高地の主抵抗線を確認することができず、戦線突破に4日間を費やすこととなったのである。

▎ドイツ軍の戦略
GERMAN PLANS

　1945年2月、アードルフ・ヒットラーはベルリンを要塞（フェストゥンク）とすることを決心した。しかし、都市の防衛にどの部隊が任じるのかを指定することはできなかった。第3軍管区司令官がベルリン防衛地区司令官となったのは、管区の多くが敵の手に落ちるか、最前線となっていた最中では当然の帰結であった。この誰もが避けたい職に就いたのは、病身のブルーノ・リッター・フォン・ハウエンシルト中将に替わった、ヘルムート・ライマン中将であった。ライマンが直面したのは、ヒットラー政権の性格をよく物語

発砲直後のパンツァーシュレック。パンツァーシュレックは米軍のバズーカ砲と同種の兵器で、発射後はロケット弾を再装塡して使用する。こうした兵器の存在はソビエト軍の配備した数多くの戦車に対抗するよすがとなった。（Nik Cornish Library）

る組織対立がその極みに達したまさに混乱のそのときであり、ベルリン防衛地区担当の三人目の責任者におかれた。中将が相手としなければならなかったのは、ヒットラー・ユーゲント、武装親衛隊（SS）、予備軍、ヴィッスラ軍集団、国民突撃隊の指揮権を持つナチ党の地方支部といった、ドイツ中のあらゆる政府組織であった。しかも事態は、軍管区司令部が作戦計画立案を嫌い、防衛地区司令部との間で文書合戦を始めたことで、一層悪化した。しかも、軍管区司令部は戦いの始まる前に退却してしまい、一切何の貢献もしなかったのである。

それでもついには、計画らしきものがシュプロッテ少佐の手により完成し、1945年3月9日付で交付された。全35ページの文書には、攻勢の主たる脅威は機甲部隊によるものであると定義され、ベルリン内部及び外縁部の地形を利用してその進出を阻止するとされた。良好な道路網が広がり、一部が森に覆われた広大な砂地の開豁地が広がるなど、地勢は機械化部隊の行動に適していた。この地域には一時的な対戦車障害に利用できる、多数の小流、河川、運河、掘割、灌漑地もあったが、戦車の行動を阻止できる唯一の障害物は、西部のハーフェル川、南東に向かってシュプレー川、ミューゲル湖、ダウメ川だけであった。それでも、ベルリンの中心からほぼ40キロメートルの地点に円弧状に延びる森林と湖沼のベルト地帯は、防御外縁陣地として取り込むことができた。オーデル＝ナイセ河の線を守るヴィッスラ軍集団と中央軍集団が作成した計画への追加が予定されたこの防衛策には、ヒットラーとゲッベルスにより提出されたアイデアももりこまれ、下記のように落ち着いた。

よく準備された塹壕陣地内のドイツ兵。ドイツ軍は防衛巧者であり、とくに防御拠点、塹壕、掩蓋陣地といった防御施設を利用できる場合には、無類の強さを誇った。それらは、敵の攻撃を事前に設定した殲滅地域に誘導できるよう、地形を利して設けられた。（Nik Cornish Library）

● 東部の前進防御線は、旧オーデル河とダウメ川間の天然障害物を利用して敷かれる。この防御線は地物に頼るだけのもので、全線にわたってわずかな数の形ばかりの野戦築城をおくだけにとどめる。
● ベルリンの北部と南部では主要道路の合流点と交差点に道路障害物を配置して、阻止帯を形成する。各合流点は防御陣地による掩護下におくが、地形状況のためにそのほとんどは敵により単に迂回されるか放置されることになるであろう。
● 外周防御環はおおよそ市の境界線に沿ったもので、複数の予備後退陣地を配置する。総延長は96キロメートルにも及ぶため現在の限られた兵力では充分な防戦は無理であるが、全線にわたって掩蔽壕を配した散兵線をおき、市へ向かうすべての道路には厳重にバリケードを配置して、防御陣地の火線下におく。
● 内周防御環は近郊鉄道（Sバーン）の環状線に沿うもので、総延長48キロメートルの防御線は、切り通し、斜路、高架線路、巾の広い築堤などといった人工構築物を基礎としており、そのまま塁壁や対戦車壕として利用できた。これに防御陣地と道路障害物をあらゆる地点に設ける。
● 「ツィタデレ」（城塞）と呼ばれる最中央部の防御陣地は、シュプレー川とラントヴェーア運河に囲まれた島状地区を中心とする。また「オスト」（東）と「ヴェスト」（西）と呼ばれる外部堡塁を、アレクサンダープラッツとクニー（エルンスト・ロイタープラッツ）に設けた。これによりライヒスタークやライヒスカンツェライといった重要な官庁施設を守るものとする。

外周防御環とツィタデレの間の地域は8個の防御地区に分割されてAからHまでの符号が与えられ、それぞれの地区で部隊は縦深防御の実施を求められた。また、その指揮官は師団長格の権限を与えられた。
　ライマンとその参謀長ハンス・レフィオー大佐は、ただちに防衛組織の整備に着手し、ローベック大佐をその任にあてた。大佐の手元には当初、1個工兵大隊があるだけだったが、ゲッベルスと折衝した結果、国民突撃隊の2個大隊をもらうことができた。さらに、陣地構築に適した器材装備をもつ唯一の集団であったトート機関（民間建設部隊）とRAD（帝国労働奉仕団）の部隊も追加された。市役所は一日あたり市民7万人の徴用にこぎつけ、あらゆる資材が欠乏していたにも関わらず、称賛に値する労働を引き出して、とりわけ市中心部の防備を固めていった。それでも、ライマンが手にできた軍事施設の数は計画の要求数にほど遠く、しかも、計画を完成に導くための高度な訓練を受けた部隊と兵力にも事欠いていた。だが、ナチの高官はまったくことなった見通しをもっており、もしもソビエト軍がベルリンに到達することがあれば、スターリングラードに攻め入ったドイツ第6軍が経験したと同様、たちどころに殲滅戦に巻き込まれてその行き足を止められることになるとみていた。もしもこの観測が広く知られたならば、さすがにドイツ国民もナチ指導部への不信の念を表わし、第三帝国の滅亡は必至であると気づいたことであろう。

作戦経過
THE CAMPAIGN

1945年4月16日から19日
16-19 APRIL 1945

　1945年4月16日05.00時（午前5時）、ベルリン作戦はゼーロー高地を守るドイツ軍前線陣地に対する、猛烈な弾幕射撃をもって幕を開けた。およそ20分間の射撃の後、突撃部隊の進撃路を照らすために143基のサーチライトが灯され、同時に弾幕射撃はドイツ軍の後方へと移っていった。だがせっかくのアイデアも、逆に見づらい陰影を作り出したり光量が不足して闇を遠くまで照らせなかったりと、結果はかんばしくなかった。そのうちに戦車と自走砲は沼沢地形のぬかるみに足を取られるようになり、歩兵との連携を失い攻撃の歩調に遅れを生じ始めた。チュイコフの部隊はハウプト運河に迫っていたが、唯一の無事な橋はドイツ軍の火線下にあった。そこでソビエト軍は架橋部隊を前線に進出させようとしたので、交通の大渋滞が発生して攻撃は完全に停止してしまった。ジューコフの部隊は、ドイツ軍の第一線をどうにかして貫いたが、ゼーロー高地の上に敷かれた第二線にぶつかった。地

戦死したドイツ兵の傍らを走り去るソビエト兵士。地面に転がるMP40やソビエト軍のPPSh41といった短機関銃は、ベルリンのような大都市の市街戦では、とりわけ有用な兵器であった。（イギリス帝国戦争博物館、IWM,FLM3348）

形は戦車が斜行しながら登るにはきわめて厳しかった。戦車部隊は散開して接近経路を探しているうちに、フリーダースドルフとドルゲリン間の要塞化された防御拠点群にぶつかってしまった。ジューコフは高地への道を開くために、指揮下の2個戦車軍を大挙して投入することを決心した。第1親衛戦車軍は第8親衛軍を支援し、第2親衛戦車軍は第5打撃軍を支援することとなった。だが、この措置は交通状況をさらに悪化させたので、歩兵の突撃支援に必要な砲兵の陣地推進をも阻害することとなった。攻撃は夜を徹して続けられ、第1白ロシア方面軍はじりじりと前進してはいたが、突破は果た

足下の悪い湿地を注意して進むソビエト兵士。オーデル西岸のゼーローかミュンヒェベルクでの光景であろう。ドイツ側が縦深に守りを固めていたことで、ジューコフはその攻略に大いに悩まされることになった。（中央軍事博物館、モスクワ）

せずにいた。この時点で、ジューコフは自分がスターリンの不興を買っていることを重々承知していた。モスクワの独裁者は方面軍司令官が最高司令部の指導に逆らって、早期に戦車軍を投入したことに腹を立てていた。そして、コーニェフにその戦車軍をもって南からベルリンを攻めることを許し、ロコソフスキーを急がせて北西方向からベルリンを攻略するという考えをもてあそび始めていたのである。

　ジューコフは砲兵部隊と機甲部隊を再編成し、翌日も攻撃を続行した。第11親衛戦車軍団と第8親衛機械化軍団は鉄道線に達し、フリーダースドルフとドルゲリンを占領したが、ドイツの「クルマルク」戦車擲弾兵師団の反撃により停止させられた。第3打撃軍はクーナースドルフへの進撃を続ける間、他のソビエト部隊はゼーロー高地の北を進んで、ドイツ軍防御の要であるゼーローの町へ攻撃をかけた。しかしそれでも、ソビエト軍は無数のドイツ軍陣地、防御拠点と反撃に遭遇し手間取ったため、いまだ突破にこぎつけることができなかった。だがソビエト軍攻勢の重圧の下に、ドイツ戦線にはほころびが生じ始めており、第8親衛軍は激闘の末にその日の終わりにゼーローを奪取した。翌日、攻撃は再び開始された。ドイツ軍将兵がいかに奮戦して敵に出血を強いても、ソビエト軍のもつ圧倒的な兵力、物量、火力の前には、戦勢は押しとどめようがなかった。ドイツ第9軍は持ちこたえていたが、その左側面の防衛は崩壊し始めており、右側面はいまやコーニェフによる南への突破に脅かされていた。第56戦車軍団はさらに一日頑張ってみせてはいたが、増援が緊急に必要であった。第11SS「ノルトラント」戦車擲弾兵師団と第18戦車師団の派遣が約束されていたが、まだどちらも到着していなかった。ジューコフは杭を打ち込み続けることに決意を固めた。第47軍はヴリーツェン、第3打撃軍はクーナースドルフ、第5打撃軍はライヒェンベルクおよびミュンヒェホフへ向けて攻撃をかけたが、第69軍と同様、ドイツ軍の第三防御線にぶつかって停止してしまった。赫々たる進撃の成果を残したのは、ミュンヒェベルクに向かったチュイコフの第8親衛軍だけであった。その夜、クズネツォフの第3打撃軍が奇襲によりバーツローの村を奪い、この間隙からベルザーリンの第5打撃軍が打って出た。ソビエト軍の攻勢は第三防御線へとさらに深く食い込み、第8親衛軍は19日、ミュンヒェベルクを攻め午後遅くには同市を陥落させた。続いてヴリーツェンも陥落したことで、

記念写真のために整列したドイツ兵。地表は見ての通りの水浸しである。1945年の春の訪れは遅く、ゼーロー高地を攻める第1白ロシア方面軍には、天候は困難をもたらすばかりであった。
（Nik Cornish Library）

ジューコフはついにすべてのドイツ軍防御線を打ち破り、巾72キロメートルの大穴を穿って、いまやベルリンへと突進できる態勢になったのである。

　コーニェフの攻勢は、4月16日06.15時（午前6時15分）に砲兵が火ぶたを切って、400キロメートルにわたる戦線に煙幕を展張することで開始された。その40分後には、突撃大隊群が150カ所を越す渡河点でナイセ河を渡り始めた。戦車用架橋が次々に完成し、歩兵支援の任にあたる戦車部隊が続々と渡河を開始した。時間の経過とともに、コーニェフの部隊は巾27キロメートルの突破口を開き、14キロメートルの深さへと突き進んだ。コーニェフが夜を徹して攻撃を続けたことで、ドイツ軍は戦術予備だけでなく戦略予備部隊をも投入しなければならなかった。短時間の弾幕射撃の後に09.00時（午前9時）、コーニェフの主攻部隊が出撃し、第3および第4親衛戦車軍はドイツ第4戦車軍の守りを切り裂き、平原へと達したのである。側面掩護の第3および第5親衛軍が、ドイツ軍の熾烈な反撃をはねのける間に、第13軍が戦車部隊に後続した。スターリンと話した後で、コーニェフはこれらの部隊をベルリンへと転じたのである。

　ジューコフに突破されたことで、ドイツ第9軍は三つに砕かれてしまった。南側面ががら空きとなった第101軍団はフィノウ運河へと後退し、これにより第61軍と第1ポーランド軍に西進を許すこととなった。第56戦車軍団はベルリンへ向けての真西への退却を余儀なくされ、南の本隊への合流を可能にするわずかな橋梁群の確保にあたった。ブッセの手元に残ったのは、フランクフルト・アン・デア・オーデル守備隊、第11SS戦車軍団、第5SS山岳軍団だけであり、そのどれもが現在地点の保持に追われている状況であった。それでも第21戦車、第35SS警察擲弾兵、第36SS擲弾兵、第275歩兵、第342歩兵の各師団から成る第5軍団が、第4戦車軍から転属となり、第9軍へと組み入れられていた。

　ゼーロー高地のドイツ軍防御を打ち破るために、第1白ロシア方面軍が支払った代償は高かった。四日間の戦闘で将兵は疲弊しきっており、公式の報告では戦死者数は33000人（著者：実数ははるかに多いはずである）に上り、装甲車両の四分の一を失っていた。ジューコフは第1親衛戦車軍と第8親衛軍とを統合部隊として運用することを決め、ライヒシュトラーセ1号線を進ませて南へ転じてシュプレー川とダウメ川を渡らせて、南からベルリン攻撃にあたらせることにした。第2親衛戦車軍は分割され、第9親衛戦車軍団は第47軍の支援に回され、第1機械化軍団および第12親衛戦車軍団は、ベルリン北郊へと迫る第3および第5打撃軍の先鋒となることが決まった。ベルリン郊外へ到達した後には軍の再統合を実施し、第1機械化軍団および第12親衛戦車軍団は2個打撃軍と並んでベルリン北側円弧の戦線配置につき、第1機械化軍団は北東郊外、第12親衛戦車軍団は東郊外を担任するものとされた。また、第69、第33、第3の各軍はドイツ第9軍の撃滅にあたるものとされた。

1945年4月20日
20 APRIL 1945

　ヒットラーはいまさらながら、ベルリン防衛地域をその管轄下にくみこむことで、ヴィッスラ軍集団に対し首都防衛の責を担わせることを命じた。ハインリーチは直ちに第9軍にこの任にあたることを伝えたが、ブッセは指揮

廃墟と化したベルリン上空を飛ぶソビエト軍爆撃機。機種はペトリャコフPe-2かツポレフTu-2であろう。これらは軽攻撃機として最大3000キログラムの爆弾を搭載できた。ソビエト軍は大戦を通じて戦略爆撃とは無縁であり、空軍の作戦努力はもっぱら、陸軍を支援しての作戦・戦術支援に傾注された。(Topfoto/Topham)

下の部隊はどれもベルリンに到達することすら困難な状態にあり、包囲の危機に瀕していると反論した。そのためハインリーチは命令を撤回した。三つに分かれた第9軍のうち、ベルリン救援に向かえる位置にあったのはヴァイトリングの第56戦車軍団だけであった。だがこれも戦力としては限界に達していた。そこで「フリードリッヒ・ルートヴィヒ・ヤーン」RAD歩兵師団が守備隊として招かれたが、同師団はトレッビン北の小村に師団司令部を設営するだけで一日を費やし、その後にソビエト戦車の攻撃を受けると四散してしまった。ハインリーチは続いて、シュタイナーの第3SS「ゲルマニッシェ」（ゲルマン人）戦車軍団を、ソビエト軍の突破の脅威から市の南側面を守るために移動させることを決めた。軍団はそこで第101軍団の残余と第25戦車擲弾兵師団を組み入れ、また第3海軍師団と同地域で編成途上であるはずの第4SS警察擲弾兵師団が増援される予定であった。

　ソビエト軍は首都へ向けて快進撃を続けており、コーニェフはさしたる抵抗も受けていなかった。第3親衛戦車軍は59キロメートルを進んでバルートを奪いツォッセンに達しようという勢いであったが、先頭を行く第6親衛戦車軍団の先鋒旅団は燃料切れとなり、ドイツ兵のパンツァーファウストにより各個撃破されてしまった。この戦闘が起こったのは、国防軍最高司令部（OKW）と陸軍最高司令部（OKH）が退却を予定していた、「マイバッハ」地下壕群のすぐ近くであった。第4親衛戦車軍は日中に45キロメートルを進んだが、ユーターボクとルッケンヴァルデ付近で抵抗に遭遇した。第1白ロシア方面軍は、第1および第2親衛戦車軍を先頭に立てて進み続けたが、ドイツ歩兵にふんだんに支給された携行対戦車兵器による反撃で徐々に速度を減じられ、第56戦車軍団の存在もあって停止した。第2白ロシア方面軍は、この日の朝、オーデル河の西支流の渡河作戦で攻撃を開始したが、しかし

天候がドイツ軍に味方したため、橋頭堡を確保できたのはわずかに第65軍だけであった。

　ハインリーチはこの日の大半を、ソビエト軍の突破から逃れてくる指揮統率を失った諸隊の秩序回復と再編に費やした。その晩には、アウトバーン沿いに防御線らしきものを引くことに何とか成功した。それ以前に将軍は陸軍最高司令部（OKH）に対して、ハーフェル川をオラーニエンブルクとシュパンダウの間で守る部隊の派遣を要求しており、「ミラー」旅団を与えられていた。ベルリンでは、総統がその56回目の誕生日を祝っていた。祝いの席には、リッベントロップ、ヒムラー、ゲーリング、シュペーア、ゲッベルス、アクスマン、カイテル、ヨードル、ボルマンといった錚々たる側近たちが名を連ねた。アメリカ陸軍航空隊はB-17爆撃機299機による爆撃で祝いに花を添え、イギリス空軍（RAF）は前夜のベルリン最終爆撃をもって祝いに替えていた。

1945年4月21日
21 APRIL 1945

　4月21日には、第2親衛戦車軍団がベルリン北東のアウトバーン環状線を越えて広正面で進撃を開始し、第1機械化軍団はバイセン湖、第12親衛戦車軍団はホーエンシェーンハウゼンまで進んだ。しかし、その両側面が第3および第5打撃軍の部隊と混ざり合ってしまった。そのため、この日の終わりにかけて、北西方向へと旋回移動を実施し、ベルリン包囲のための割り当て地区へと向かった。第8親衛軍と第1親衛戦車軍はリダードルフ＝エルクナー地区を発してベルリンを目指していたが、ここで南および南東から市街に迫るために南西方向への旋回を命じられた。同時に第11戦車軍団が引き抜かれ、今後の作戦のために第5打撃軍へと移された。これらの命令の実施には時間がかかるものと思われた。部隊の多くは交戦中であり地形もまた機動を制約するものであった。一方で、第3親衛戦車軍がケーニヒス・ヴュスターハウゼンに達したことで、ドイツ第9軍の包囲が完了した。コーニェフは包囲部隊の第13軍を第28軍と交替させ、ジューコフは第69軍を第3軍とともにオーデル河から移動させて、北側から第9軍に対して圧力をかけた。

　ドイツ第56戦車軍団はソビエト軍に押されて後退を続けていたが、ついにケーペニック＝マルツァーンの線まで下がった。「ザイトリッツ」部隊はすでに活動を始めており、悪い噂を広め、ベルリン市外への偽の移動集結命令を部隊に発していた。総統地下壕内の一部には第56戦車軍団のベルリンへの後退はこのサボタージュによるものだと考える者がいた。この結果、ブッセとヒットラーがそろってヴァイトリングの逮捕処刑命令を出す事態となった。この件と理由は違ったが、ヴァイトリングはまた、ヨアヒム・ツィーグラーSS少将とも個人的な軋轢を抱えていた。ツィーグラーは国防軍の指揮の下で働くことを嫌い、指揮する第11SS「ノルトラント」戦車擲弾兵師団をベルリン市外に移したいと考えていた。この日、ソビエト軍は市の中心部に対して重砲弾を撃ち込み始めており、これは軍内部に警鐘を鳴らす結果となっていた。ベルリンの高射砲塔は、マルツァーン郊外のソビエト軍砲兵を相手に対砲兵戦を展開した。シェルナー元帥が反撃状況を報告するためにベルリンへと姿をあらわした。反撃は実際、コーニェフの第1ウクライナ方面軍を大いに悩ませていた。ヴェンクもハルツ山地に包囲された第11軍を救援するために第39戦車軍団が作戦中であることを報告しに、ベルリンを訪れ

ていた。ヒットラーはベルリン救援作戦の実施をシュタイナーに命じ、可能な限りの資材と兵力を提供することを約束した。ドイツ軍は後方部隊と空軍地上勤務者を集めて歩兵師団1.5個相当の兵力を作り出していたが、当然のことながら、訓練と任務に適した重火器を欠いていた。シュタイナーの指揮下部隊はすでにフィノウ運河沿いの戦線で交戦中であり、救援に乗り出すには海岸部からの第3海軍師団の到着を待たなければならなかったのである。

1945年4月22日
22 APRIL 1945

　4月22日、クレブスはハインリーチに対して、フランクフルト・アン・デア・オーデル守備隊が街を放棄して、第9軍へ合流することへの許可を求めてきた。ブッセは地形を利用して、第9軍に全周防御陣地を敷かせていた。ヒットラーは第9軍に対して、敵側面を深く突いて進み第12軍との連携を回復するように命じていた。だが、ブッセはハインリーチの示唆に従って、すでに突破作戦の準備に入っていた。シュタイナーはベルリン救援に振り向けるための約束された正規軍の増援をいまだに受け取っておらず、オラーニエンブルクの街とルッピナー運河を守らなければならなかった。ジューコフの北側面掩護部隊である第9親衛戦車軍団と第125狙撃兵軍団は、攻撃開始時にこそつまずいたが、ツェペアニック、シェーンリンデ、ミューレンベック、シェーンフリースを経て、ヘンニヒスドルフの橋を目指して進んでいた。第1ポーランド軍はビーゼンタールとベルナウ間の敵を一掃し、オラーニエンブルク前面の運河に到達。夜に入って市街への攻撃を開始した。同時に第61軍が運河の南の地域を掃討した。同じ頃、第8親衛軍と第1親衛戦車軍は、ダールヴィッツ、シェーナイヒェ、フィヒテナウ、ラーンスドルフの郊外に入った。コーニェフ元帥の部隊は開けた地形で敵の散発的な抵抗を排除しながら、快調に進撃を続けていた。第4親衛戦車軍は、第5親衛機械化軍団をもってベーリッツ、トロイエンブリーツェン、クロップシュテットの線に掩護幕を張り、これには第13軍の増援が予定されていた。第6親衛機械化軍団はベーリッツに達し、第10親衛機械化軍団はザールムントとシェンケンホルストを通過して、カプートとバベルスベルクでポツダムへの接近路を封鎖した。第3親衛戦車軍はツォッセン近郊でノッテ運河を渡った後、広正面をもってベルリンへと進撃し、先鋒の2個軍団は日没時にテルトウ運河へ到達した。

　総統地下壕での日常会議において、参謀本部が引き延ばしを図ったにもかかわらず、ヒットラーはシュタイナーが救援作戦の命令をいまだ発していないことを知ってしまった。ヒットラーはたちまち激怒したがそれも何とか収まり、このままベルリンに留まり帝国の最期を見届ける意思のあることを言明した。ヒットラーは居住区に戻るとゲッベルスに電話をかけ、家族とともに地下壕へ越してくることを求め、ゲッベルスはこれを承諾した。参謀本部員の多くはベルヒテスガーデンへ向かうチャンスを選んだので、ヒットラーの私的書簡を収めた数多くの金属箱が運び出されていった。それからヒットラーはヨードルとカイテルを召還し、ベルリンがソビエトの手に落ちる時には自ら命を絶つ覚悟であり、もはや命令を発するつもりはなく、以後のことは国家元帥に諮るよう申し渡した。それでも、ヒットラーは状況回復のためのすべての手段を検討すること決意した。さらに、ベルリン防衛の責任をそ

の一身に担うことも決め、ヴィッスラ軍集団をベルリン防衛の責から解いた。これによりゲッベルスは、ライマン中将のベルリン防衛地区司令官の任を解き、あらたにポツダム守備隊司令官の職を与えた。

ドイツ軍陣地前面の鉄条網の排除にあたるソビエト工兵。第1白ロシア方面軍がゼーロー高地攻略に苦戦した結果、第2白ロシア方面軍はドイツ第3戦車軍の守るオーデル戦線を貫くのに、一週間を要してしまった。（中央軍事博物館、モスクワ）

1945年4月23日
23 APRIL 1945

　この日、両軍はともに現在の作戦行動に関して再考し、今後取りうる手段を模索することを余儀なくされた。ソビエト軍は、より高度に市街化された区域での戦闘へと部隊が移行しつつあることに着目した。これは、防者であるドイツ軍側に断然有利な状況であった。反対にドイツ軍側は包囲戦の備えに入らざるをえなくなっていた。ヴェンクの第12軍はその軍境界線を、北はハーフェル川とエルベ川の合流点から南はライプツィヒのすぐ先まで延ばしていたが、この日カイテルから総統命令を申し渡された。同軍には、カール・アルント中将の第39戦車軍団があったが、それも4月21日から26日までの短期のことで、その後は新編の第21軍へと移されてしまった。他には、ルードルフ・ホルステ中将の第41戦車軍団、カール＝エリック・ケーラー中将の第20軍団と、マクシミリアン・フライヘア・フォン・エーデルスハイム中将の第48戦車軍団が陸軍予備としておかれていた。ヴェンクはこのベルリン救援命令を第9軍救援命令へと拡大解釈して、さらに同軍とともに包囲された数千人の避難民を救い出すため、脱出路を保持して可能な限り多くの難民を逃がすことも任務であるとした。幸運なことにドイツ国内の水路を巡る補給物資を積んだ回運艀（はしけ）の大半が第12軍戦区内に留まっており、弾薬、燃料、食料は潤沢にあった。カイテルはこのことを、総統地下壕にこもって部隊の行動開始を今や遅しと心待ちにしているヒットラーに

報告した。この第12軍に対するベルリン救援命令は、ヒットラーとその側近たちが現実離れした状況判断しかもっていないことを、明白に物語っていた。それはまた、カイテルによっても正されるものではなかった。

　一部の部隊は苦行の末にベルリン市街へと到達し（24日までのことであったが）、その中にはフランツ・クールマン海軍中佐の率いる「デーニッツ海軍元帥」海軍大隊も含まれていた。また、ソビエト軍が近郊鉄道（Sバーン）や地下鉄（Uバーン）のトンネル伝いに侵入することが懸念されたため、バリケードを築くために車両の運航が中止された。ソビエト軍突入の非常時にトンネルを水浸しにするために要所に爆薬がしかけられたが、この方策は地下構内に批難したベルリン市民と4本の病院列車の存在をまったく無視していた。第56戦車軍団は前夜のうちにシュプレー川を渡り、ルドウ郊外に入っていた。ヴァイトリングは第9軍の北側面を掩護するために再度南へ移動する考えであったが、ブッセからのこの命令はすでに撤回され、軍団はベルリン市街に進みヴァイトリング自身はベルリン防衛の司令官となることが改めて発令されていた。ともあれ、ヴァイトリングにできることといえば、軍団の諸隊を市街各所に分遣して可能な限り戦闘力を底上げすることや、軍団の通信網を使って連絡体制の改善を図ること、ベルリン防衛地域司令部の参謀部に軍団の参謀将校を派遣して、参謀業務の挺入れをすること程度の施策しかなかった。そもそも、ドイツ軍にはライマンが立てた防衛計画を原案通りに完成させられるだけの兵力が無かった。各防衛地区司令部はもはやソビエト軍との交戦にかかり切りであり、戦闘資材の不足と、組織上下間と横方向の通信組織の不備、これによる作戦調整の不調とに苦しめられていた。ヴァイトリングはそこで、指揮所をホーエンツォレルンダムのベルリン防衛地域司令部に移したが、一方で、指揮所をさらに市中心部のティーアガルテン

荷馬車に補給品を満載して進むドイツ兵。機械化軍として世界に先行したイメージの強いドイツ軍であるが、実際には国防軍（とりわけ歩兵部隊）はその補給物資と人員装備の輸送を、馬匹（ばひつ）輸送に頼っていた。（Nik Cornish Library）（訳者注：馬匹輸送は当時の陸軍界の常識であり、歩兵の自動車化を達成していたのは英米軍くらいのものであった。じつは、大規模な軍用馬供給を確保するには生産牧場や飼料農場というシステムの整備維持——いったん縮小すれば、急拡大は困難。経費負担は継続的——が必要であり、イギリスは第一次大戦後、緊縮財政もあってさっさと馬匹輸送に見切りをつけ自動車化へと踏み切った。米軍は第二次大戦突入後に急拡大されたため、当然、巨大な自動車産業を背景とした自動車化が進んだ）

の高射砲管制塔か官庁街のベントラー街に移すことを視野に入れていた。

　ドイツ第3戦車軍は、ロコソフスキーの部隊をいまだにオーデル河の線で押しとどめていたが、それももはや限界に達しようとしていた。持ちこたえられるのがあとわずかであることはハインリーチも理解するところであり、同軍が西へ退却して西側連合軍に降伏できるように作戦を練り始めていた。シュタイナーは南側面の運河地帯で抗戦を続けていたが、ソビエト軍がオラーニエンブルクを迂回したため、街を放棄してルッピナー運河の保持に務めた。ハインリーチはカイテルから（総統の代理として）、第41戦車軍団をもってソビエト軍の西進を阻止し、かつシュタイナーは直ちにベルリン救援のための活動に移り、ハーフェル川を越えて進むジューコフ部隊の後方を遮断するよう命じられた。シュタイナーには第7戦車師団と第25戦車擲弾兵師団の増援が約束されたが、両師団とも準備は整っておらず、しかも、第25戦車擲弾兵師団はエーベルスヴァルデ橋頭堡の放棄が認められたことで自由となった、もともとは自身の指揮下にあった部隊であった。ハーフェル渡河の実施部隊は第47軍で、第9親衛戦車軍団（第2親衛戦車軍から転属）と第7親衛騎兵軍団を配属されていた。目的は側面掩護部隊として長駆進出して包囲環を完成させることにあり、この日の早くにナウエンに達していた。第125狙撃兵軍団がシュパンダウとガトウ飛行場を目指す間、第77狙撃兵軍団は南へ向かい、その主力は第4親衛戦車軍との連接完成の機会をうかがっていた。騎兵は各方向に走りドイツ軍の抵抗拠点の所在を探った。

　攻囲側のソビエト軍は北と東でベルリン郊外へと進出し、同時に市街地での戦闘法を学び取っていった。だが、郊外の市街地の作りは、大形建造物

ヒットラーが公の場に姿を見せた最後の機会として知られるのが56歳の誕生日（4月20日）のもので、総統地下壕から出たヒットラーは、戦車破壊に奮戦したヒットラー・ユーゲントの少年隊員を讃え、鉄十字章を授けた。隣は帝国青少年指導者であるアルトゥール・アクスマン。（イギリス帝国戦争博物館、IWM,FLM3351）

至近距離で建物を砲撃するT-34/85。市街地での写真に見る程度の交戦距離における、ドイツ軍の携行対戦車兵器に対する戦車の脆弱性を考えると、建物内にわずかにでもドイツ兵の存在を示す兆しがあれば、ただちに攻撃を開始するのが戦車長の至当な判断である。(RGAKFD)

の密集するベルリン中心部とはまったく異なっていた。両軍はともに失策を犯して損害を出していたが、兵力の豊富なソビエト軍の方が回復は容易であった。第1機械化軍団（第2親衛戦車軍所属）は、ヘルムスドルフ、ヴァイトマンスルスト、ヴィッテナウを通過し、第12親衛戦車軍団はリバース、ブランケンフェルデ、ローゼンタールを進んで、ニーダーシェーンハウゼンで戦う第3打撃軍の第79狙撃兵軍団の隣に布陣した。ホーエンシェーンハウゼンでは第7狙撃兵軍団がいまだ交戦中であった。第5打撃軍はA防衛地区の後退陣地へと迫り、ビースドルフとカウルスドルフを占領した。その指揮下の第9軍団は南西へと進み、カールスホルストとルンメルスブルク発電所を占領した。第4親衛狙撃兵軍団（第8親衛軍所属）は、オーバーシェーンヴァイデの工業地帯を占領し、ヨハニスタールでシュプレー川渡河の準備に入った。第29親衛狙撃兵軍団はシュプレー川がアルダースホフに入る地点の橋を奪取し、またケーペニックを占領してシュプレー川とダウメ川にかかる橋梁群を手に入れた。第3親衛戦車軍はこの日一日を使って外周防衛環の南で部隊を再編し、第28軍主力の到着を待った。第28軍の残余部隊はドイツ第9軍の包囲戦にかかりきりであった。

　ところかわって、第4親衛戦車軍はポツダムへ向けて前進し、かつ第47軍との連接機会を狙っていたが、ハーフェル渡河を実施しようとはしなかった。第13軍はヴィッテンベルク、第5親衛軍はトルガウでエルベ河へと迫った。コーニェフはアメリカ軍との提携のために第34親衛狙撃兵軍団を残置することを決心し、また第32親衛狙撃兵軍団と第4親衛戦車軍団を予備として控置し、シュプレムベルクへ向かうドイツ軍への反撃兵力にあてることにした。このドイツ軍部隊は第52軍と第2ポーランド軍を打ち破って、戦線後方で大混乱を引き起こしていた。この時点で、コーニェフ軍は手一杯となっ

ており、ドイツ第9軍や第12軍の行動に振り向けられる予備兵力はわずかしかなかった。しかも第6軍はいまだにブレスラウの包囲戦を終えられずにいた。

　コーラー将軍がベルヒテスガーデンを訪れ、ゲーリングに対して前日の総統地下壕での出来事の一部始終を説明した。そして将軍は、ヒットラーはもはや政府と軍に対する指導権を放棄したのであり、ゲーリングがこれを引き継ぐように申し出た。ゲーリングは政権中央から遠ざかっていたためこの話へ乗ることに二の足を踏んだが、結局はヒットラーに対し、1941年制定の継承法の定めに基づき国政と軍の指揮権を引き継ぐ用意があり、22.00時（午後10時）までにヒットラーからの連絡が無かった場合には、もはや行動の自由を失ったものとみなす旨の電報を送ることを決心した。この電報は総統地下壕へと届き、ボルマンの手によりヒットラーに紹介されたが、ボルマンはこの時、ゲーリングが権力を我がものにしようとしているかのごとくほのめかせた。ヒットラーは怒髪天を衝く怒りようをみせ、即座にゲーリングとその副官らを自宅監禁に処するよう命じた。この事件は、アルベルト・シュペーアによって目撃された。シュペーアはこの時、ヒットラーの焦土政策には反対の立場にあり、これまで何らの処置を下してこなかったことを告白するために、ベルリンへと空路訪れたものであった。反逆の代償としてすでに生命の覚悟もできていたが、ヒットラーが彼に示した怒りのほどはさほどたいしたものではなかった。

55頁へ続く

戦闘間に野砲を推進させるソビエト砲兵。ベルリン作戦では、方面軍レベルに至るまで、徹底した砲兵の増強が実施された。ドイツ軍の防御陣地が砲撃に耐えることのできる頑丈な大形建造物を利用していることを思えば、有効な増援策であった。（イギリス帝国戦争博物館、IWM, FLM3349）

■ヴィスワ（ヴィッスラ）河からオーデル河へ、ソビエト軍の攻勢作戦 1945年1月から2月

1. ソビエト軍の大攻勢は、1時間に及ぶ攻勢準備砲撃に続いて10.30時（午前10時30分）に開始され、戦車2波と歩兵3波から構成された。コーニェフはその第1梯団に、歩兵34個師団と戦車約1000両を投入した（1945年1月12日、03.00時（午前3時00分））。
2. 続いてコーニェフは、第3および第4親衛戦車軍を北東方向へと進発させ、ラドムから退却するドイツ軍の遮断を狙った。
3. 第5親衛軍がチェストホヴァへ向け進撃。
4. ロコソフスキーが、ドイツ中央軍集団の包囲を目標に、北西方向のダンツィヒへ向けて攻撃を開始。
5. 1945年1月14日、ジューコフが攻勢を開始。マグヌジェフ橋頭堡を発った第5打撃軍と第8親衛軍が急進撃を実施。
6. ジューコフの第33軍と第69軍がプラヴィ橋頭堡から出撃。
7. ジューコフの第1親衛戦車軍が、ウッジを経由してポズナンニに向け長駆進む線で進撃。
8. 第2親衛戦車軍が、ブロックとイノフロツワウを目指して進撃。
9. コーニェフの部隊が、1945年1月17日にワルタ河に到達。
10. 1945年1月17日、ワルシャワが陥落。
11. ドイツ第2軍が壊滅、グロースドイッチュラント軍団と第4戦車軍団が東退を強いられる。これにより、ロコソフスキーは東プロイセン占領とダンツィヒ包囲を完成。
12. 2月初めには、ドイツ軍50万人がダンツィヒおよびケーニヒスベルク周辺で包囲されていた。だがそのほとんどは、クールラント半島からの部隊も含めて、カール・デーニッツ提督の指揮する海上撤退作戦により脱出に成功。
13. グロースドイッチュラント軍団と第24戦車軍団は、A軍集団（後に中央軍集団と改称）に編入され、ソビエト軍に先んじてウッジに到着。しかし、オーデル河を目指すソビエト軍の隙間を縫って、退却する事態となった。
14. ジューコフは2月の初めにオーデル河に到達。コーニェフとともに河沿いに布陣。
15. 1945年2月23日、ポズナンニが陥落。
16. ブレスラウが包囲されたが、5月まで持ちこたえた。
17. 客船「ヴィルヘルム・グストロフ」号が、シュトルペバンクでソ連潜水艦S-13により撃沈される。7000人以上が死んだ史上最大の海難事故（1945年1月30日23.08時（午後11時8分））。

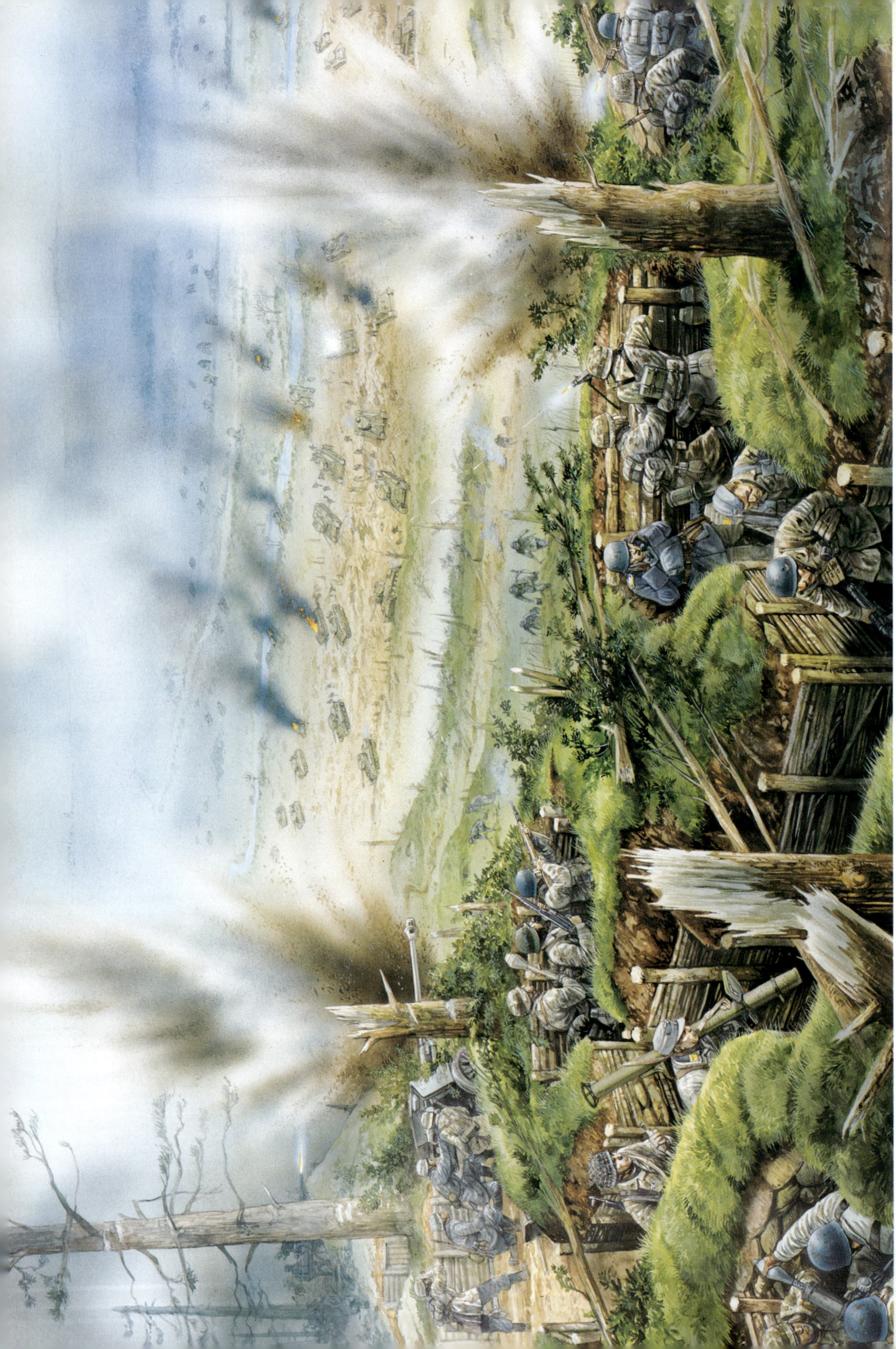

■ゼーロウ高地

　1945年1月にヴィスワ河を越えて急進撃した結果、ソビエト軍は1945年3月初めの作戦が終了した時点で、オーデル河西岸にいくつかの橋頭堡を獲得していた。ドイツ軍は、ソビエト軍が再び大攻勢を開始する際に備えて、河沿いに防御線を確保する必要を理解し、橋頭堡を一掃するための一連の強力な反撃をしかけた。しかし、ソビエト軍もきたる第三帝国の首都攻略に備えての橋頭堡の重要性をよく理解していた。ドイツ軍の反撃は徒労に終わったので、ドイツ軍は考えを変え、ソビエト軍攻勢に備えての縦深防御陣地の構築にとりかかった。ソビエト軍は徐々に橋頭堡を拡大してひとつにまとめ、キュストリンを孤立させた。東ポンメルンでの作戦の終結により、第1白ロシア方面軍のほぼすべてがオーデル戦線へと戻った。この間、第2白ロシア方面軍は東プロイセンでのドイツ軍の撃滅にあたった。

　1945年4月1日、スターリンは「ベルリン」作戦を4月16日に発起することを命じた。作戦目標はメーデー（5月1日）の休日までにエルベ河に到達することであった。本来ならば2ないし3ヶ月を要する攻勢準備期間は、わずか2週間程度ときわめて短かった。ソビエト軍は短期間で、戦線に増援を送り、物資を蓄積し、補給を実施する困難な事業にとりかかり、100万人のドイツ軍に対して250万人の兵力を集めた。この戦力比はこうした大攻勢にしては攻者の必要を充たしたものではなかった。だがこの当時、ドイツとソビエトは、すでに人的資源の供給限界に近づきつつあったのである。主攻は第1白ロシア方面軍と第1ウクライナ方面軍が担うこととなり、また第2白ロシア方面軍が、東プロイセンにおける作戦を終えた後、北で支援に当たる手はずとなっていた。攻勢を受けて立つのは、北では「ヴァイクセル」（ヴィッスラ）軍集団所属のドイツ第3戦車軍と第9軍、南では「ミッテ」（中央）軍集団所属の第4戦車軍であった。またエルベ河畔の暴露した戦線を守るために第12軍が新編された。

　攻勢は計画通りに4月16日深夜に開始され（1）、コーニェフの第1白ロシア方面軍が瞬く間に待望された突破を完成する間、ジューコフの第1白ロシア方面軍は（2）、ゼーロウ高地のドイツ軍陣地帯（3）突破というより困難な任務に直面していた。攻撃は土砂降りのような弾幕射撃によって開始され（4）、続いてドイツ守備兵の目を眩ませるためにサーチライトが照射された。この奇策は混乱をもたらしただけに終わり、またドイツ軍はすでに第1線陣地から兵を下げていたために、弾幕射撃もたいした効果を挙げられなかった（5）。ソビエト軍の攻勢第一波の戦車と歩兵は（6）、河を渡り河川敷を越える間、困難にぶち当たった（7）。ドイツ軍は計画的に河を氾濫させて河畔の湿地を水浸しの沼地へと変えており（8）、水路や堤道、鉄道築堤は攻撃部隊の超越障害物となり戦闘行動を制限した。レッチンとゼーロウの中間地点では、第5打撃軍と第8親衛軍の前衛部隊が、第9降下猟兵師団（9）と第20戦車擲弾兵師団の防御陣地に突入した。ソビエト軍は大損害を喫したため攻撃は頓挫した。そのためジューコフは攻撃再開のために、予備の機甲部隊の投入を余儀なくされたのである。

(Peter Dennis)

■ゼーロウ高地の攻撃
ソビエト軍の作戦状況 1945年4月14日から19日

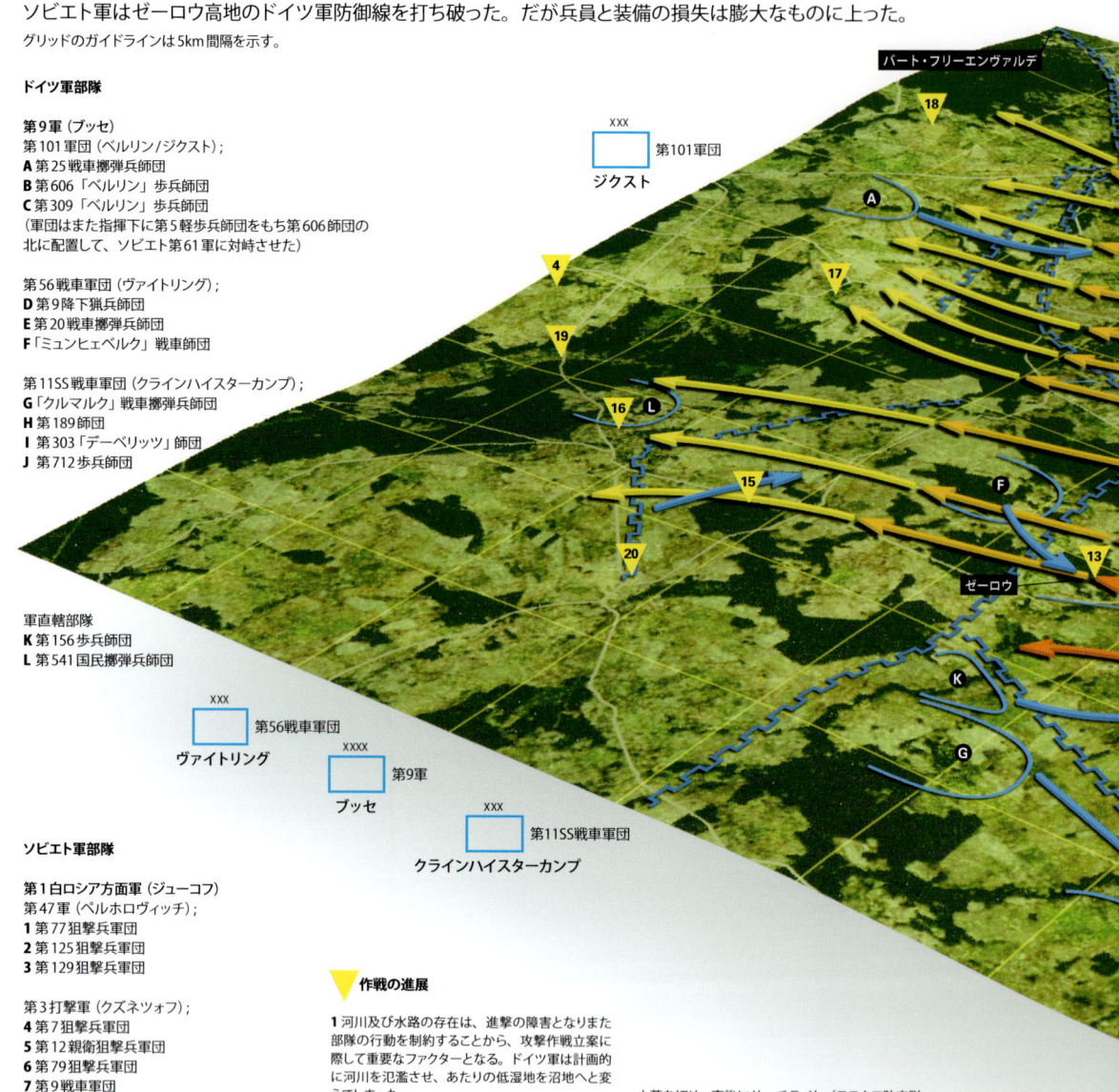

ソビエト軍はゼーロウ高地のドイツ軍防御線を打ち破った。だが兵員と装備の損失は膨大なものに上った。
グリッドのガイドラインは5km間隔を示す。

ドイツ軍部隊

第9軍（ブッセ）
第101軍団（ベルリン/ジクスト）；
A 第25戦車擲弾兵師団
B 第606「ベルリン」歩兵師団
C 第309「ベルリン」歩兵師団
（軍団はまた指揮下に第5軽歩兵師団をもち第606師団の
北に配置して、ソビエト第61軍に対峙させた）

第56戦車軍団（ヴァイトリング）；
D 第9降下猟兵師団
E 第20戦車擲弾兵師団
F 「ミュンヒェベルク」戦車師団

第11SS戦車軍団（クラインハイスターカンプ）；
G 「クルマルク」戦車擲弾兵師団
H 第189師団
I 第303「デーベリッツ」師団
J 第712歩兵師団

軍直轄部隊
K 第156歩兵師団
L 第541国民擲弾兵師団

ソビエト軍部隊

第1白ロシア方面軍（ジューコフ）
第47軍（ペルホロヴィッチ）；
1 第77狙撃兵軍団
2 第125狙撃兵軍団
3 第129狙撃兵軍団

第3打撃軍（クズネツォフ）；
4 第7打撃兵軍団
5 第12親衛狙撃兵軍団
6 第79狙撃兵軍団
7 第9戦車軍団

第5打撃軍（ベルザーリン）；
8 第9親衛
9 第26親衛
10 第32狙撃兵軍団

第8親衛軍（チュイコフ）；
11 第4親衛
12 第28親衛
13 第29親衛狙撃兵軍団

第1親衛戦車軍（カトゥーコフ）

第2親衛戦車軍（ボグダーノフ）

第3軍（ゴルバトフ）

第69軍（コルパクチ）

作戦の進展

1 河川及び水路の存在は、進撃の障害となりまた部隊の行動を制約することから、攻撃作戦立案に際して重要なファクターとなる。ドイツ軍は計画的に河川を氾濫させ、あたりの低湿地を沼地へと変えてしまった。

2 ゲオルギー・ジューコフ元帥の第1白ロシア方面軍は、兵員76万8000人、戦車3000両、火砲14000門を保有していた。

3 ソビエト軍は攻勢準備の兵站活動に尽力した。キュストリン橋頭堡は鉄道で運び込まれた兵員、装備、物資で溢れかえった。

4 この大軍に対峙したのは、テオドール・ブッセ大将の第9軍で、兵員22万人、戦車および自走砲512両を有していた。のちには武装SSの3個戦車擲弾兵師団が増強された。

5 1945年4月15日と16日、ジューコフは全戦線にわたって、最大で連隊規模の各級偵察部隊を活動させた。

6 4月16日の夜明け前、ついにソビエト軍砲兵が火蓋を切り、直後にサーチライト（モスクワ防空隊から抽出した照空灯）の照射が開始された。だが結果は、無用な混乱を生じただけであった（1945年4月16日午前3時00分（03.00時））。

7 ドイツ軍は第一線陣地から兵を引き揚げていたので、砲撃は無人の陣地を叩いただけに終わった。

8 第3打撃軍、第5打撃軍、第7軍は、レッチンの両側でドイツ軍の主抵抗線にぶつかった（4月16日）。

9 第69軍はレブスの北で突破の機会をうかがったが、「クルマルク」戦車擲弾兵師団の反撃により攻撃は失敗した（4月16日）。

10 ジューコフは機甲予備部隊を投入したが、これはただでも混雑していた交通を、ひどい渋滞へと追いやるだけに終わった（4月16日午前11時00分（11.00時））。

凡例

攻勢開始時のソビエト軍戦線　━━━
軍団境界　　　　　　　　　×××
4月16日のソビエト軍進撃路
4月17日のソビエト軍進撃路
4月18日のソビエト軍進撃路
4月19日のソビエト軍進撃路

第47軍　ペルホロヴィッチ

第3打撃軍　クズネツォフ

第2親衛戦車軍　ボグダーノフ

第5打撃軍　ベルザーリン

第1親衛戦車軍　カトゥーコフ

第8親衛軍　チュイコフ

第3親衛軍　ゴルバトフ

第69軍　コルパクチ

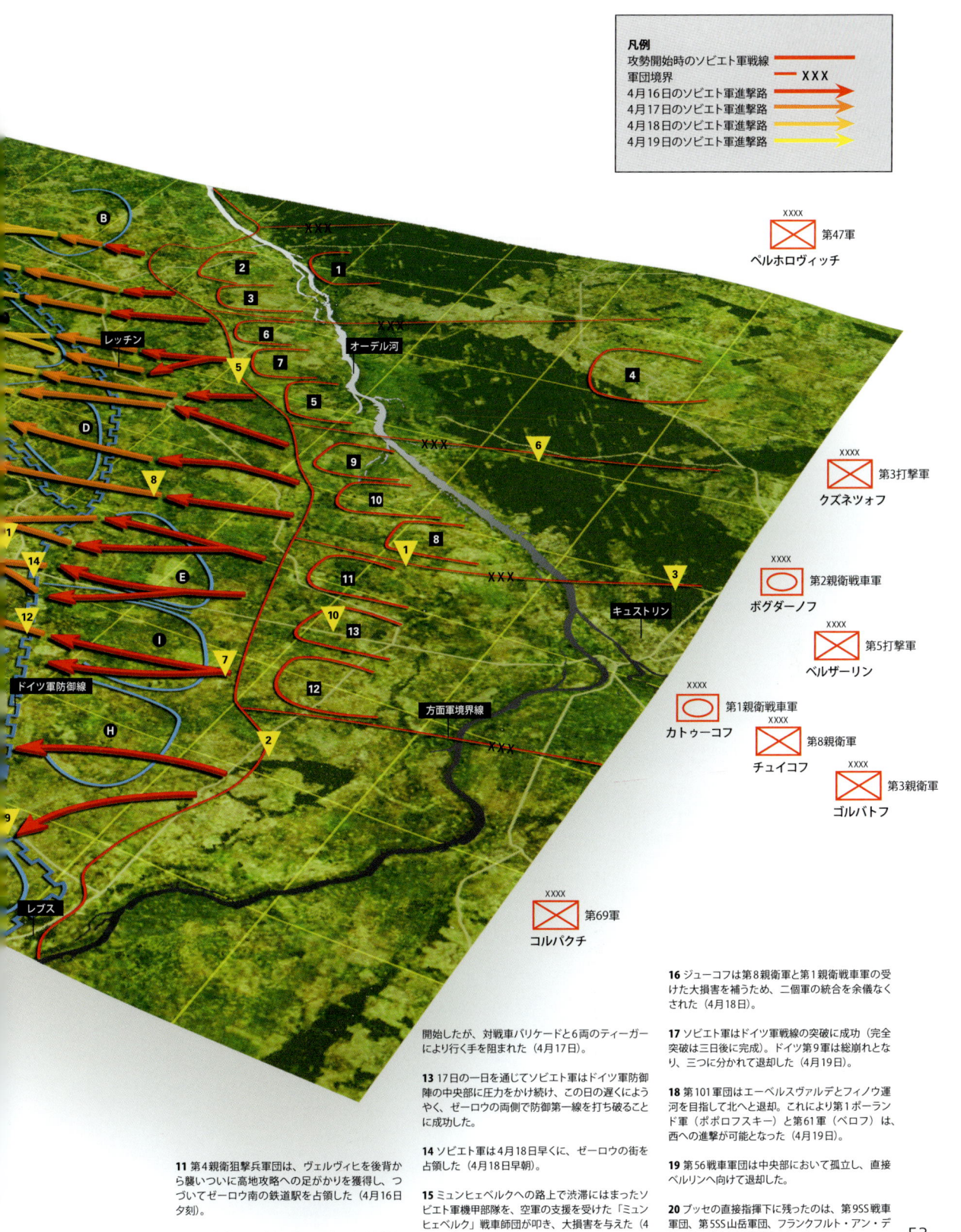

レッチン
オーデル河
キュストリン
方面軍境界線
ドイツ軍防御線
レブス

11　第4親衛狙撃兵軍団は、ヴェルヴィヒを後背から襲いついに高地攻略への足がかりを獲得し、つづいてゼーロウ南の鉄道駅を占領した（4月16日夕刻）。

12　第28親衛軍団がドルゲリンの村へ向け攻撃を開始したが、対戦車バリケードと6両のティーガーにより行く手を阻まれた（4月17日）。

13　17日の一日を通じてソビエト軍はドイツ軍防御陣の中央部に圧力をかけ続け、この日の遅くにようやく、ゼーロウの両側で防御第一線を打ち破ることに成功した。

14　ソビエト軍は4月18日早くに、ゼーロウの街を占領した（4月18日早朝）。

15　ミュンヒェベルクへの路上で渋滞にはまったソビエト軍機甲部隊を、空軍の支援を受けた「ミュンヒェベルク」戦車師団が叩き、大損害を与えた（4月18日）。

16　ジューコフは第8親衛軍と第1親衛戦車軍の受けた大損害を補うため、二個軍の統合を余儀なくされた（4月18日）。

17　ソビエト軍はドイツ軍戦線の突破に成功（完全突破は三日後に完成）。ドイツ第9軍は総崩れとなり、三つに分かれて退却した（4月19日）。

18　第101軍団はエーベルスヴァルデとフィノウ運河を目指して北へと退却。これにより第1ポーランド軍（ポポロフスキー）と第61軍（ベロフ）は、西への進撃が可能となった（4月19日）。

19　第56戦車軍団は中央部において孤立し、直接ベルリンへ向けて退却した。

20　ブッセの直接指揮下に残ったのは、第9SS戦車軍団、第5SS山岳軍団、フランクフルト・アン・デア・オーデル守備隊だけとなった。

■ベルリン包囲の完成、1945年4月16日から28日

1. 1945年4月16日05.00時（午前5時00分）、ジューコフが攻勢を開始。
2. 同06.15時（午前6時15分）、コーニェフが攻勢開始。
3. ジューコフ、2個戦車軍を投入。
4. コーニェフ、ベルリンへ向け進撃開始
5. 1945年4月20日、ロコソフスキー突進を開始
6. 第9軍が3個に分断
7. バルートが1945年4月20日の午後早くに陥落。
8. 1945年4月21日、第1機械化軍団がベルリン郊外、ヴァイセンゼーに突入。
9. 4月22日、第3および第4親衛戦車軍が、テルトウ運河に到達。
10. 1945年4月25日、ベルリン包囲が完成。
11. 1945年4月25日、トルガウの近くでアメリカ軍とソビエト軍が合流。
12. 4月28日、第9軍が突破作戦を開始。

凡例:
- 4月16日のソビエト軍前線
- 4月18日のソビエト軍前線
- 4月25日のソビエト軍前線
- 5月6日の停止線
- ソビエト軍攻勢
- 西側連合軍の進撃
- ドイツ軍の反撃
- ドイツ軍の退却路

※ソ連軍部隊シンボルに用いられている略称は、Shock→打撃、G→親衛、P→ポーランド。

48頁より続く

1945年4月24日
24 APRIL 1945

　ヴァイトリングの着任後、第56戦車軍団の加入によりベルリンの防衛力はずいぶんと補強された。第20戦車擲弾兵師団はヴァンゼーの中州へと追いやられたままだったので、かわりに予備から第18戦車擲弾兵師団が送り出された。第9降下猟兵師団はフンボルトハインの高射砲塔に基地をおいたまま、北側区域の支援にあたった。「ミュンヒェベルク」戦車師団はテンペルホフ空港の防衛支援に回り、第11SS「ノルトラント」戦車擲弾兵師団はノイケルン＝クロイツベルク地区へと入った。

　総統地下壕では、ヒットラーが22日の自信喪失からうわべは回復したよう

66頁へ続く

ベルリンの大通りを中心部へと進む、ソビエト軍のスターリン戦車と歩兵。写真の通りは道巾が広く戦車の機動の余地が残されているが、大半の通りは巾が狭く、ドイツ軍の対戦車破壊チームに格好の待ち伏せ場所を提供した。(Topfoto/Topham)

ベルリン包囲陣の圧縮、1945年4月23日から28日

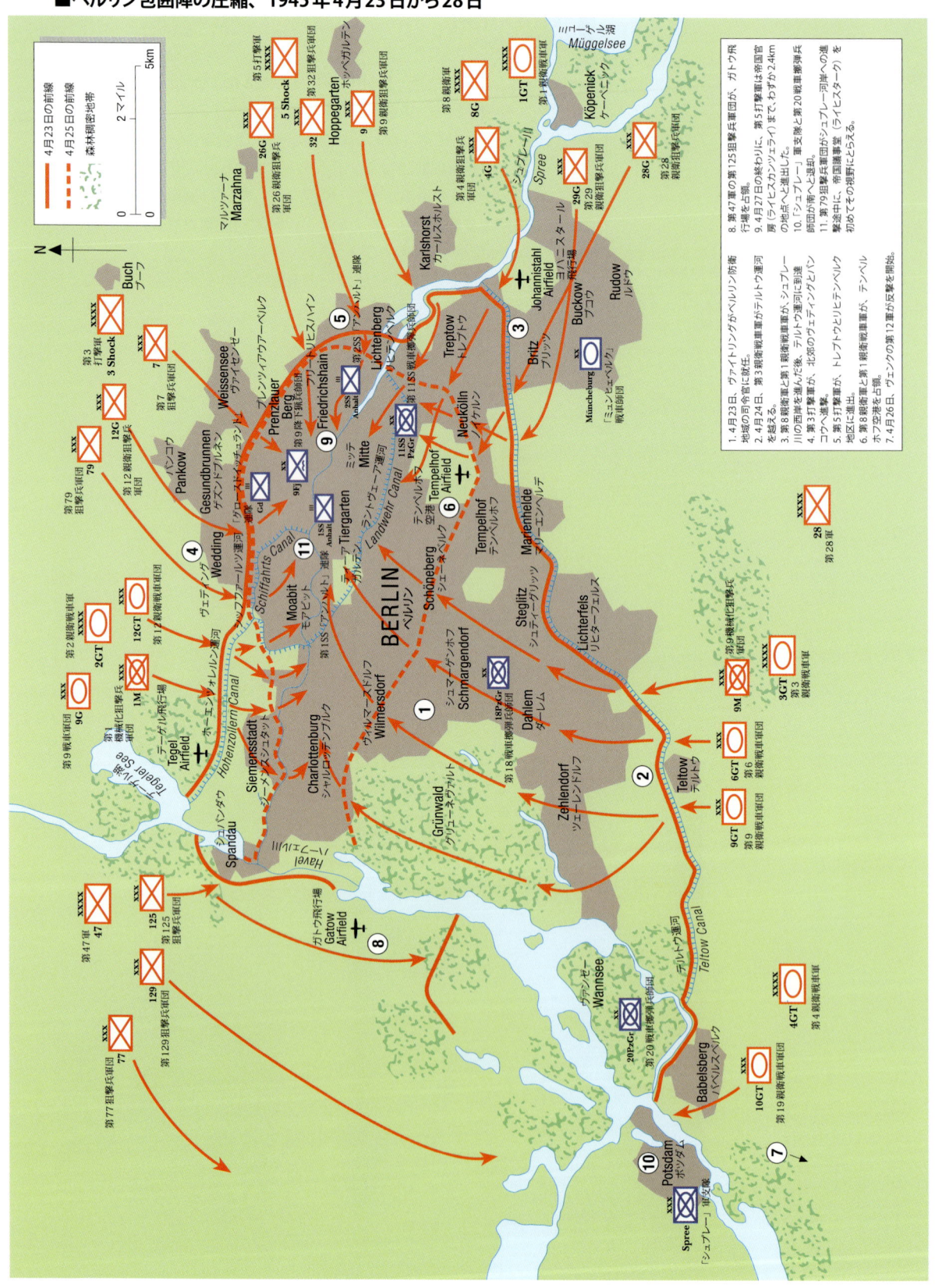

凡例
- 4月23日の前線
- 4月25日の前線
- 森林稠密地帯

1. 4月23日、ヴァイトリンクがベルリン防衛地域の司令官に就任。
2. 4月24日、第3親衛戦車軍がテルトウ運河を越える。
3. 第8親衛軍と第1親衛戦車軍は、シュプレー川の西岸を進んだ後、テルトウ運河に到達しコヴヘ進撃。
4. 第3打撃軍が、北郊のヴェディングに進入。
5. 第5打撃軍が、トレプトウとリヒテンベルク地区に進出。
6. 第8親衛軍と第1親衛戦車軍が、テンペルホフ空港を占領。
7. 4月26日、ヴェンクの第12軍が反撃を開始。
8. 第47軍の第125狙撃軍団が、ガトウ飛行場を占領。
9. 4月27日の終わりに、第5打撃軍は帝国官房（ライヒスカンツライ）まで、わずか2.4kmの地点へと進出した。
10. 「シュプレー」軍支隊の第20戦車擲弾兵師団が南へ退却。
11. 第79狙撃軍団がシュプレー河岸への進撃途中に、帝国議事堂（ライヒスターク）を撃破中に、帝国議事堂（ライヒスターク）を初めてその視野にとらえる。

■第9軍の脱出行、1945年4月28日から5月1日

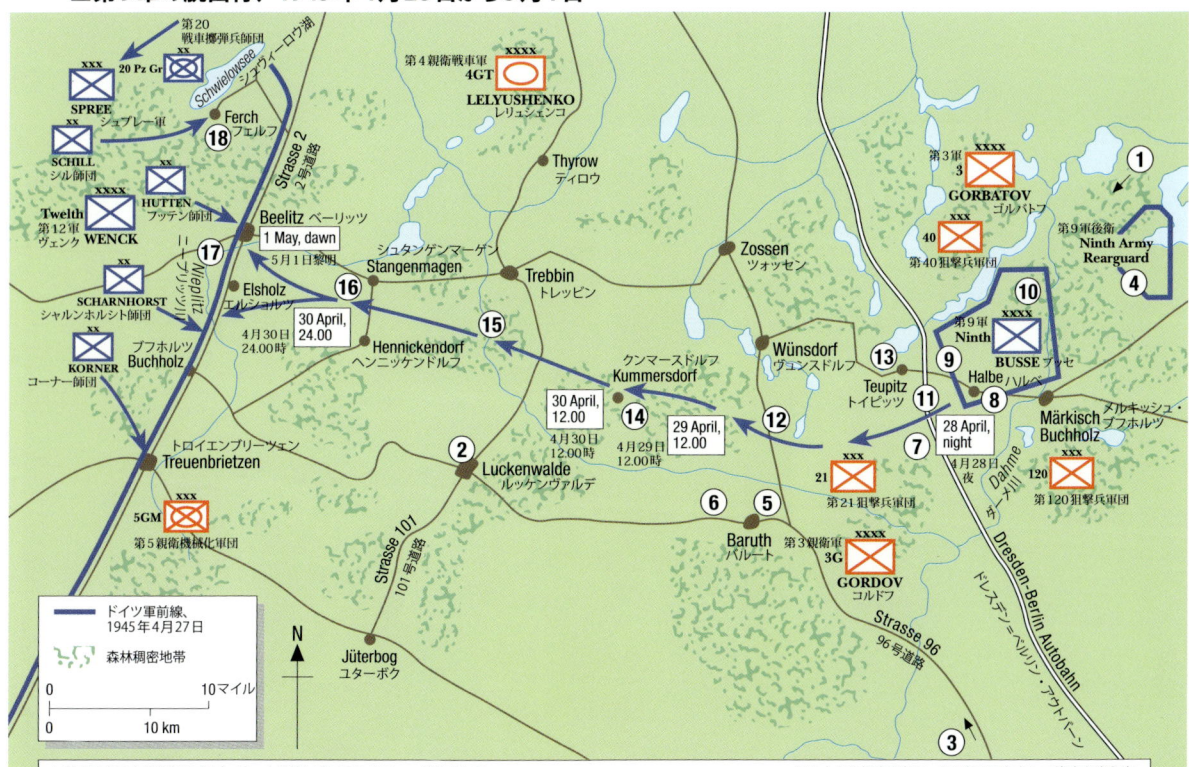

1. 第9軍まで血路を開いたビーラー大佐率いるフランクフルト・アン・デア・オーデル守備隊は、ハルベ付近で行き詰まった（4月25日）。
2. ブッセは西への突破を目指して、迅速に部隊を集結させた。先頭に立つのはハンス・フォン・ルック大佐の戦闘団で、ドレスデン＝ベルリン・アウトバーンを越えての攻撃を予定した。
3. これと同時に、リディガー・ピプコーンSS大佐の戦闘団が、リッペン北のシュレプツィヒで西への攻撃を発起する。
4. 残る第11SS戦車軍団、第5団、第5SS山岳軍団は、後衛役を務める。
5. 攻撃を開始したフォン・ルック戦闘団は、夜半にバルートの北郊に到達（4月25日20.00時（午後8時00分））。
6. ピプコーン戦闘団も突破にこぎつけ、ふたつの戦闘団は合流した。部隊は攻撃を再開したが、西へはわずかしか進めなかった。
7. 26日と27日の両日、第9軍は脱出の試みを続けたが、ソビエト軍の包囲環の締め上げはきつく、両軍は共に大損害を出した。
8. ソビエト軍の注意を逸らすためのヴェンク軍の攻撃を得て、ブッセ大将は表向きはヴェンク軍と合流してのベルリンへの進軍をうたいながら、突破攻撃の準備に入った（4月28/29日）。
9. 第9軍は、北西で掩護に当たる第21戦車師団をのぞいて、部隊の再統合を完了した。
10. 一帯には、脱出する軍への帯同という一縷の望みにすべてをかける、避難民が溢れていた。
11. たそがれの訪れとともに突撃を発起した第11SS戦車軍団は戦線を打ち破り、第9軍主力がこれに続行した（4月28日）。
12. 第9軍は29日の昼に、ツォッセン＝バルート道沿いに設けられたソビエト軍の阻止陣地に到達し、夕刻は早くには防御線を突破した。
13. 第5SS山岳軍団と第21戦車師団はソビエト軍の警戒線を突破できず、激戦の末に殲滅された。だが、ソビエト軍にも大きな損害を与え、また第9軍主力への注意を逸らす結果となった（4月30日）。
14. 第9軍は日中にクンマースドルフに到達し、短い休息をとった。この日の残りは、ヘンニッケンドルフへ向けての、北西に転じてさらに西への移動に費やされた（4月30日）。
15. さらに警戒線を突破した後に、第9軍はソビエト軍の執拗な砲爆撃にさらされ、さらにはソビエト軍側で働く反ナチ・ドイツ人部隊である「ザイトリッツ」部隊の欺計行動も含めた数知れぬ攻撃を受けた。
16. ヘンニッケンドルフへ到達した後、第9軍は夜明け前の暗闇の中で、第5親衛機械化軍団の守る陣地を抜かなければならなかった（5月1日午前）。
17. 疲弊しきった第9軍のベーリッツの南で、ヴェンク第12軍陣地にたどり着いた（5月1日夜明け時）。
18. ヴェンク軍がポツダムの南まで進出したことで、「シュプレー」軍支隊と第20戦車擲弾兵師団はこの機を利用して後退した。

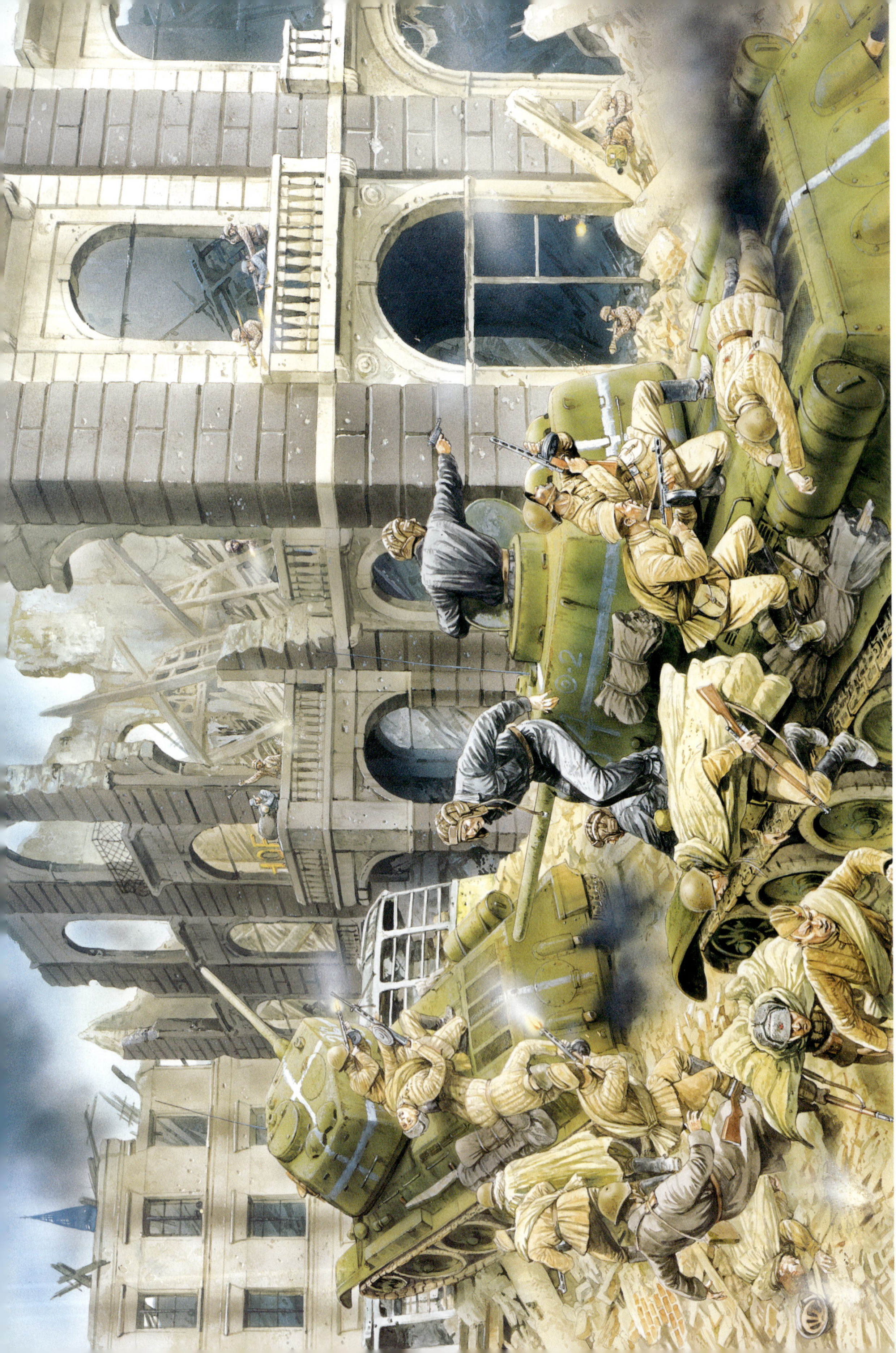

■ベルリンの市街戦

　市の境界線を越えた最初のソビエト軍部隊は、第2親衛戦車軍所属の第1機械化軍団と第12親衛戦車軍団であった。両軍団は第3打撃軍と第5打撃軍の先鋒をつとめた。1945年4月21日、部隊はヴァイセンゼーとホーエンシェーンハウゼンの郊外に入った。直後に、ドイツ軍がソビエト領内においてその人民と資産に対しておこなった犯罪に対する報復が開始された。クルスク戦以来、ソビエト兵の多くは報復の機会の到来を待ち続けており、略奪、レイプ、(時折だが)虐殺が各所で日常的に続けられた。共産主義のイメージ悪化を恐れた一部の司令官により、当初は刑罰が科せられたが悪行は収まらず、以後ソビエト当局は部隊の掌握に躍起となった。

　ソビエト軍が直面したのは、前ベルリン防衛地域司令官ヘルムート・ライマン将軍によって立案された防衛計画に基づき準備された防御陣地であり、いまやヴァイトリング将軍の第56戦車軍団の到着により、一層の強化が実現されようとしていた。防衛地域内は、国防軍、武装SS、国民突撃隊、ヒットラー・ユーゲント(1)といった諸組織に属する部隊があふれていた。これら原籍を異にする部隊は、協力どころか作戦調整すら困難な状態あり、国防軍と武装SSの間には、敵対心とはいわないまでも不信感が存在したことは、事態の改善をもたらすものではなかった。

　ソビエト軍は準備訓練期間もないまま、それまでの機動的な野戦態勢から市街戦態勢へと戦術を転換する必要のあることを理解した。戦いのうちに、歩兵、戦車と自走砲、砲兵をいかに効果的に協同させて戦うべきかが、犠牲と時間をかけて学び取られていった(2)。戦車兵からは(3)、ビルの建ち並ぶ都会(4)での市街戦は忌み嫌われた。敵の隠れ場所(とくにビルの地下)を目視し、また強化拠点を発見するのは困難であった(5)。縦隊で進む戦車(6)は、パンツァーファウスト(7)やパンツァーシュレック(8)を装備する対戦車チームのかっこうの餌食であった。地区の志願兵が築いたバリケードで縦隊が停止した時が攻撃のチャンスであり、先頭と最後尾の戦車がまず破壊された。ついで随伴歩兵(9)を無力化するために猛烈な射撃がかけられ、状況が許す場合には、残りの戦車が逃げ出す前にチームは前進してこれを次々に討ち取った。それゆえソビエト軍にとっては、戦車、歩兵、砲兵、工兵が一致協力して、迅速にドイツ兵を駆逐してゆくことが重要であった。各兵科の部隊は戦闘チームへと編合され、1個戦闘チームは通常、歩兵1個小隊と戦車もしくは自走砲2、3両、それに突撃工兵班と重火器班から構成され、必要に応じて火焰放射器や野砲が加えられた。もちろん前進観測員や砲手にとっては、銃弾にさらされる市街戦は危険きわまりない戦場であった。

　　　　　　　　　　　　　　　　(Peter Dennis)

■ベルリン中心部へ
ソビエト軍の作戦、1945年4月28日から5月2日

ソビエト軍は橋頭堡を確保した。だが、慣れぬ市街戦とバリケード、ドイツの対戦車砲チームは、確実に大きな損害をむしり取っていった。

凡例
- 方面軍境界線
- 4月28日の攻撃
- 4月29日の攻撃
- 4月30日の攻撃
- 5月1日の攻撃

第1白ロシア方面軍 ジューコフ
第12親衛狙撃兵軍団
第79狙撃兵軍団
第1SS「アンハルト」連隊
シッフファールツ運河
インヴァリーデンシュトラーセ
アルト・モアビット
シュプレー川
ティーアガルテン駅
シャルロッテンブルク街道
ツォー（動物公園）高射砲塔
ラントヴェーア運河
ポツダマー橋
ヒットラー・ユーゲント連隊
第18戦車擲弾兵師団
方面軍境界線
第6親衛戦車軍団
第4親衛狙撃兵軍団

ソビエト軍部隊

第1ウクライナ方面軍（コーニェフ）
第3親衛戦車軍（ルイバルコ）；
1 第6親衛戦車軍団（ミトロファノフ）

第1白ロシア方面軍（ジューコフ）
第8親衛軍（チュイコフ）；
2 第4親衛狙撃兵軍団（グラツォノフ）
3 第28親衛狙撃兵軍団（ルイゾフ）
4 第29親衛狙撃兵軍団（ヘタリオフ）

第5打撃軍（ベルザーリン）；
5 第9狙撃兵軍団
6 第26親衛狙撃兵軍団（フィルソフ）
7 第32狙撃兵軍団（ジェレビン）

第3打撃軍（クズネツォフ）；
8 第7狙撃兵軍団（チィエルヴィチェンコ）
9 第12親衛狙撃兵軍団（フィラトフ）
10 第79狙撃兵軍団（ペレヴェルトキン）

ドイツ軍部隊

ベルリン防衛地域（ヴァイトリング）
A 第1SS「アンハルト」連隊
B 第11SS「ノルトラント」戦車擲弾兵師団（クルーケンベルク）
C ヒットラー・ユーゲント連隊
D 第18戦車擲弾兵師団（ラウフ）
E 第9降下猟兵師団（ヘルマン）

▼ 作戦の進展

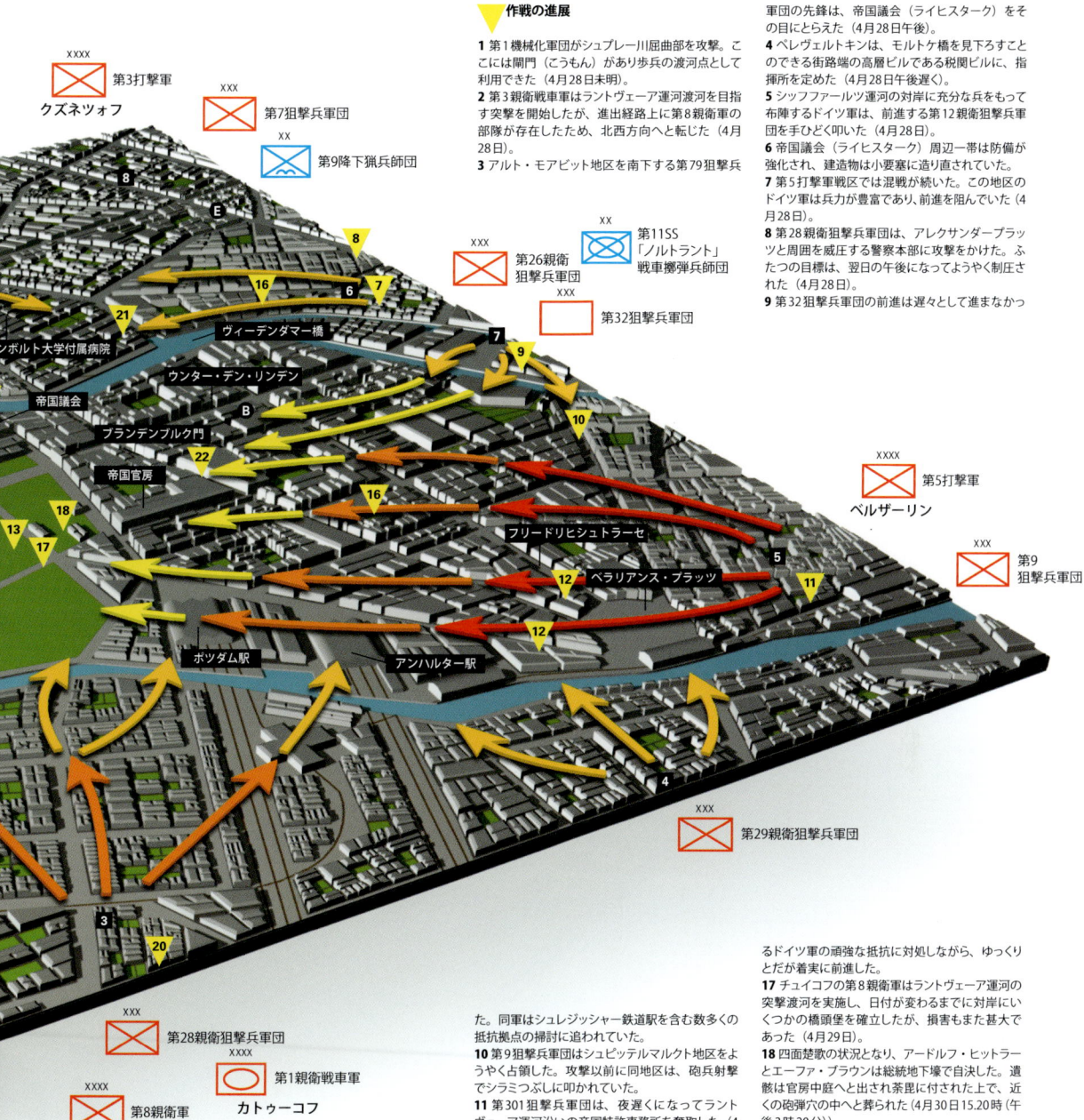

1 第1機械化軍団がシュプレー川屈曲部を攻撃。ここには閘門（こうもん）があり歩兵の渡河点として利用できた（4月28日未明）。

2 第3親衛戦車軍はラントヴェーア運河渡河を目指す突撃を開始したが、進入経路上に第8親衛軍の部隊が存在したため、北西方向へと転じた（4月28日）。

3 アルト・モアビット地区を南下する第79狙撃兵軍団の先鋒は、帝国議会（ライヒスターク）をその目にとらえた（4月28日午後）。

4 ペレヴェルトキンは、モルトケ橋を見下ろすことのできる街路端の高層ビルである税関ビルに、指揮所を定めた（4月28日午後遅く）。

5 シッフファールツ運河の対岸に充分な兵をもって布陣するドイツ軍は、前進する第12親衛狙撃兵軍団を手ひどく叩いた（4月28日）。

6 帝国議会（ライヒスターク）周辺一帯は防備が強化され、建造物は小要塞に造り直されていた。

7 第5打撃軍戦区では混戦が続いた。この地区のドイツ軍は兵力が豊富であり、前進を阻んでいた（4月28日）。

8 第28親衛狙撃兵軍団は、アレクサンダープラッツと周辺を威圧する警察本部に攻撃をかけた。ふたつの目標は、翌日の午後になってようやく制圧された（4月28日）。

9 第32狙撃兵軍団の前進は遅々として進まなかった。同軍はシュレジッシャー鉄道駅を含む数多くの抵抗拠点の掃討に追われていた。

10 第9狙撃兵軍団はシュピッテルマルクト地区をようやく占領した。攻撃以前に同地区は、砲兵射撃でシラミつぶしに叩かれていた。

11 第301狙撃兵軍団は、夜遅くになってラントヴェーア運河沿いの帝国特許事務所を奪取した（4月28日晩）。

12 フリードリヒシュトラーセ、ヴィルヘルムシュトラーセ、ザールラントシュトラーセ沿いに戦車を進出させようというソビエト軍の試みは、ドイツ軍対戦車チームの激しい抵抗を受けた。

13 4月28日午後9時（21.00時）、ヒムラーがスウェーデンのベルナドッテ伯を通じて秘密裏に和平交渉を開始したという報せに、ヒトラーが激怒、その逮捕を命じる。

14 第12親衛戦車軍団は西モアビット地区で前進を続けたが、歩兵戦力が不足したことにより停止を余儀なくされた（4月29日）。

15 第79狙撃兵軍団は苦闘の末に、モルトケ橋の対岸に橋頭堡を確保した。これで外交区、内務省、クロール・オペラハウスの攻略が可能となった（4月29日午前）。

16 第5打撃軍は、ベルゼ近郊鉄道（Sバーン）駅、赤い市役所、クリストゥス教会、郵政省庁舎におけるドイツ軍の頑強な抵抗に対処しながら、ゆっくりとだが着実に前進した。

17 チュイコフの第8親衛軍はラントヴェーア運河の突撃渡河を実施し、日付が変わるまでに対岸にいくつかの橋頭堡を確立したが、損害もまた甚大であった（4月29日）。

18 四面楚歌の状況となり、アードルフ・ヒットラーとエーファ・ブラウンは総統地下壕で自決した。遺骸は官房中庭へと出され荼毘に付された上で、近くの砲弾穴の中へと葬られた（4月30日15.20時（午後3時20分））。

19 第150狙撃兵軍団の一部が、帝国議会（ライヒスターク）内に突入。すべての階にわたって接近戦が繰り広げられる（4月30日18.00時（午後6時00分））。

20 クレプス将軍は、ヴァイトリングの参謀長フォン・ドゥフヴィンク大佐を従えて、チュイコフの司令部を訪ね停戦交渉に着手しようとした。しかし、最初の提案は拒絶された（5月1日）。

21 ヴァイデンダンマー橋も含め、軍と市民の脱出が各所で開始される。いくつかの脱出行は成功し、兵と市民が西への道をたどった（5月1日から2日）。

22 第5打撃軍所属第9狙撃兵軍団の部隊が、帝国官房（ライヒスカンツェライ）へ突撃を敢行。アンナ・ニクリーナ赤軍少尉が屋上に赤旗を立てる（5月2日午前）。

23 ヴァイトリングが（参謀長フォン・ドゥフヴィンク大佐を通じて）、ベルリン守備隊の降伏交渉を開始（5月2日13.00時（午後1時00分））。

■帝国議会（ライヒスターク）攻略
ソビエト軍の攻撃 1945年4月28日から5月2日

ソビエト兵が帝国議会（ライヒスターク）をその視野にとらえたときから、
勝利はもはや掌中のものとなった。しかし、敵の将兵は負けることなど考えてはいなかった。

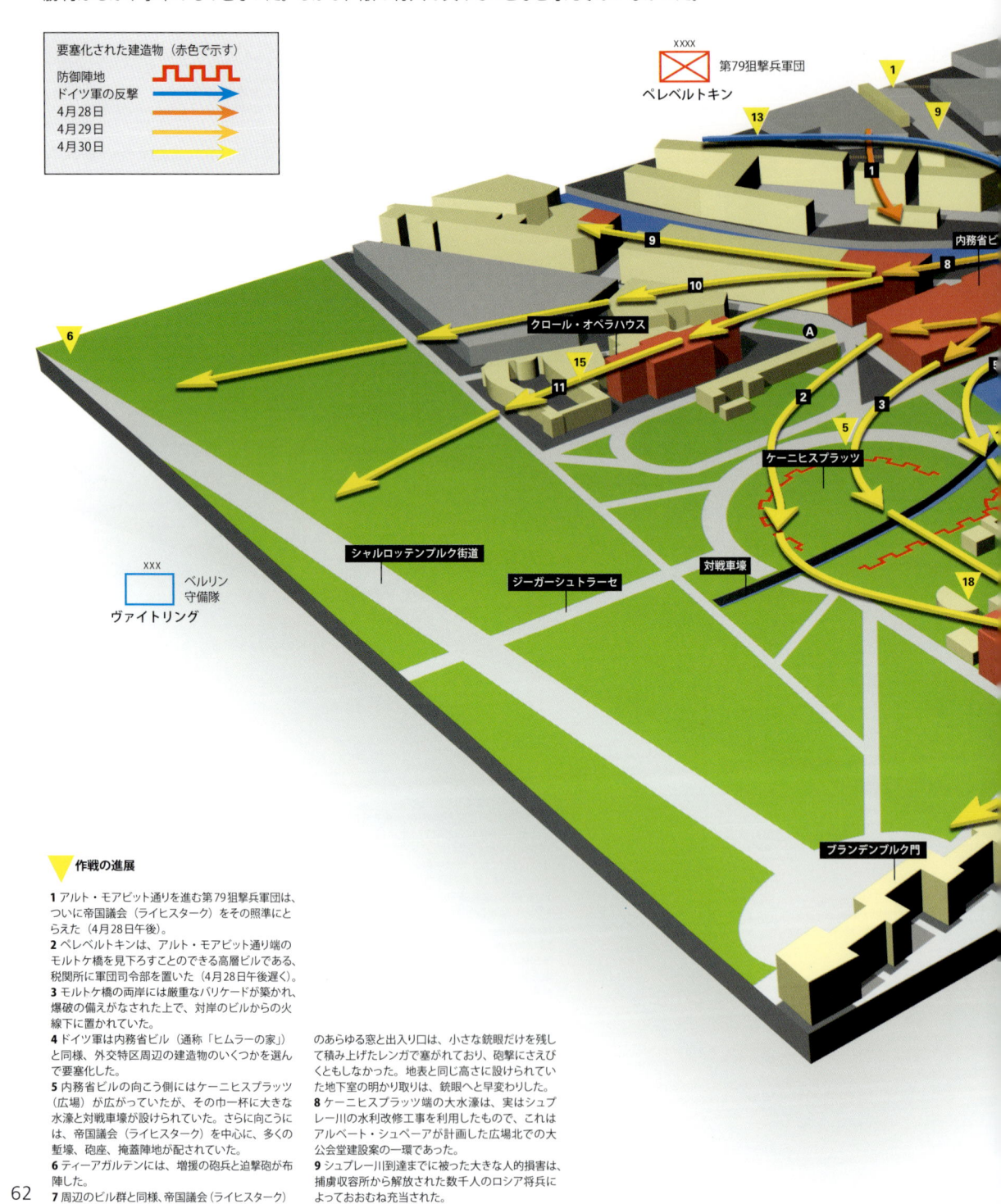

要塞化された建造物（赤色で示す）
防御陣地
ドイツ軍の反撃
4月28日
4月29日
4月30日

xxxx 第79狙撃兵軍団
ペペルトキン

内務省ビ

クロール・オペラハウス

ケーニヒスプラッツ

シャルロッテンブルク街道

ジーガーシュトラーセ

対戦車壕

xxx ベルリン守備隊
ヴァイトリング

ブランデンブルク門

▼ 作戦の進展

1 アルト・モアビット通りを進む第79狙撃兵軍団は、ついに帝国議会（ライヒスターク）をその照準にとらえた（4月28日午後）。
2 ペペルトキンは、アルト・モアビット通り端のモルトケ橋を見下ろすことのできる高層ビルである、税関所に軍団司令部を置いた（4月28日午後遅く）。
3 モルトケ橋の両岸には厳重なバリケードが築かれ、爆破の備えがなされた上で、対岸のビルからの火線下に置かれていた。
4 ドイツ軍は内務省ビル（通称「ヒムラーの家」）と同様、外交特区周辺の建造物のいくつかを選んで要塞化した。
5 内務省ビルの向こう側にはケーニヒスプラッツ（広場）が広がっていたが、その巾一杯に大きな水壕と対戦車壕が設けられていた。さらに向こうには、帝国議会（ライヒスターク）を中心に、多くの塹壕、砲座、掩蓋陣地が配されていた。
6 ティーアガルテンには、増援の砲兵と迫撃砲が布陣した。
7 周辺のビル群と同様、帝国議会（ライヒスターク）のあらゆる窓と出入り口は、小さな銃眼だけを残して積み上げたレンガで塞がれており、砲撃にさえびくともしなかった。地表と同じ高さに設けられていた地下室の明かり取りは、銃眼へと早変わりした。
8 ケーニヒスプラッツ端の大水壕は、実はシュプレー川の水利改修工事を利用したもので、これはアルベート・シュペーアが計画した広場北での大公会堂建設案の一環であった。
9 シュプレー川到達までに被った大きな人的損害は、捕虜収容所から解放された数千人のロシア将兵によっておおむね充当された。

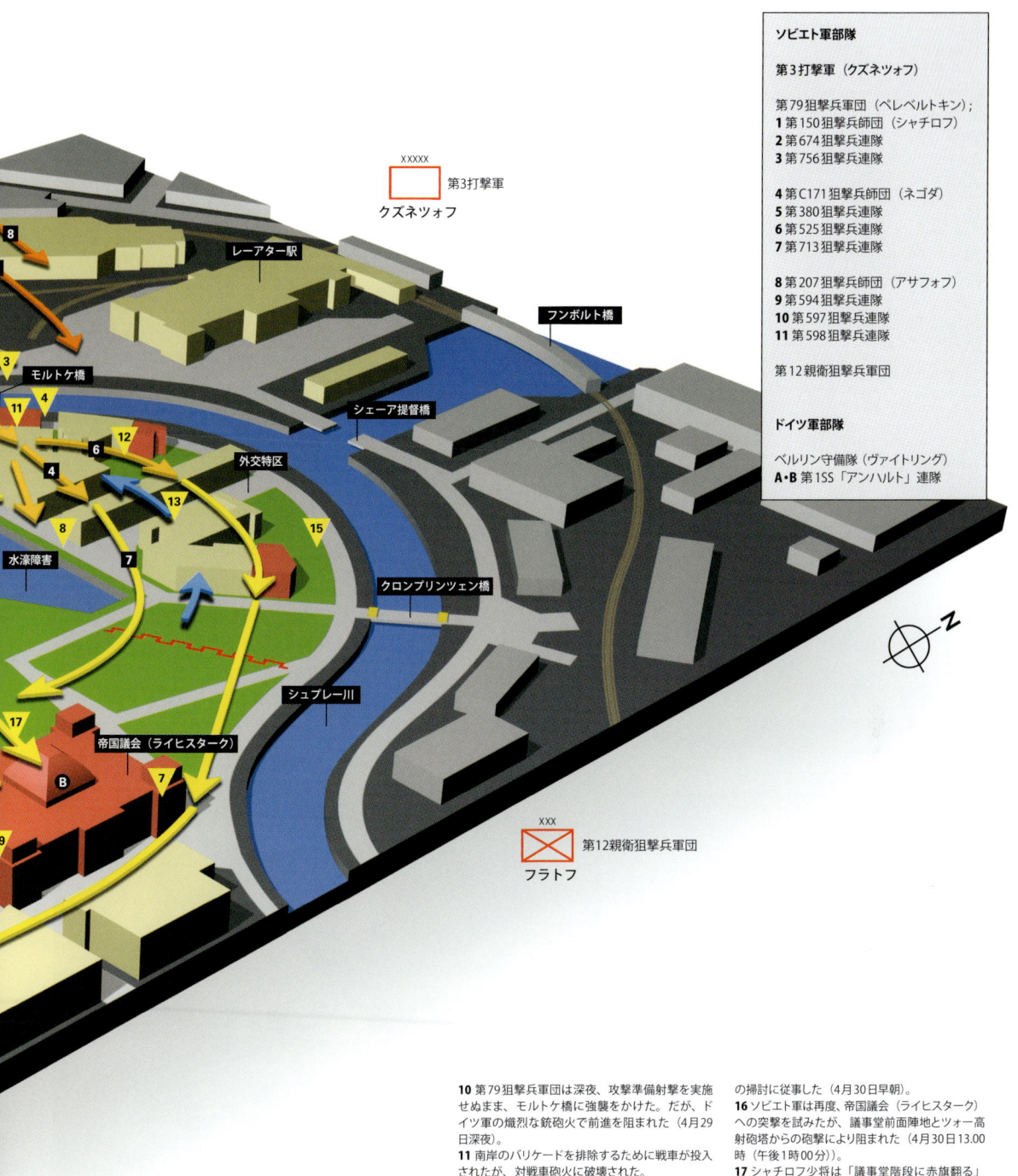

```
ソビエト軍部隊

第3打撃軍（クズネツォフ）

第79狙撃兵軍団（ペレベルトキン）；
1 第150狙撃兵師団（シャチロフ）
2 第674狙撃兵連隊
3 第756狙撃兵連隊

4 第C171狙撃兵師団（ネゴダ）
5 第380狙撃兵連隊
6 第525狙撃兵連隊
7 第713狙撃兵連隊

8 第207狙撃兵師団（アサフォフ）
9 第594狙撃兵連隊
10 第597狙撃兵連隊
11 第598狙撃兵連隊

第12親衛狙撃兵軍団

ドイツ軍部隊

ベルリン守備隊（ヴァイトリング）
A・B 第1SS「アンハルト」連隊
```

xxxxx 第3打撃軍 クズネツォフ

レーアター駅
フンボルト橋
モルトケ橋
シェーア提督橋
外交特区
水濠障害
クロンプリンツェン橋
シュプレー川
帝国議会（ライヒスターク）

xxx 第12親衛狙撃兵軍団 フラトフ

10 第79狙撃兵軍団は深夜、攻撃準備射撃を実施せぬまま、モルトケ橋に強襲をかけた。だが、ドイツ軍の熾烈な銃砲火で前進を阻まれた（4月29日深夜）。

11 南岸のバリケードを排除するために戦車が投入されたが、対戦車砲火に破壊された。

12 第79狙撃兵軍団は攻撃を再開し、夜明け時には第150および第171狙撃兵師団が橋を渡るのに成功した（4月29日早朝）。

13 ドイツ軍はすかさず反撃に出、北岸での反撃とも併せて、一時的にソビエト軍の攻撃を頓挫させた（4月29日早朝）。

14 第150狙撃兵師団は内務省ビルを攻め、戦闘は終日続いた。ソビエト軍は増援部隊の投入を強いられた。

15 第207狙撃兵師団がクロール・オペラハウスを攻略する間、第150狙撃兵師団はケーニヒスプラッツを越えようとしたが、水の満たされた対戦車壕に阻まれた。第171狙撃兵師団は外交特区の東半分の掃討に従事した（4月30日早朝）。

16 ソビエト軍は再度、帝国議会（ライヒスターク）への突撃を試みたが、議事堂前面陣地とツォー高射砲塔からの砲撃により阻まれた（4月30日13.00時（午後1時00分））。

17 シャチロフ少将は「議事堂階段に赤旗翻る」の誤報を発した。誤報は瞬く間に指揮系統を遡り、ジューコフ元帥が「議事堂に赤旗掲揚さる」と記録する原因となった（4月30日14.25時（午後2時25分））。

18 戦車と砲兵の近接支援を得て攻撃は再開された。議事堂正面玄関に突入口が穿たれ、ソビエト歩兵が続々と突入を開始した（4月30日18.00時（午後6時00分））。

19 特別国旗掲揚班の二人の軍曹が、やっとのことで議事堂屋上に上り、手頃な割れ目に赤旗第5号旗を差して掲揚した。二人の軍曹は「ソ連邦英雄」の栄誉を手にした（4月30日22.50時（午後10時50分））。

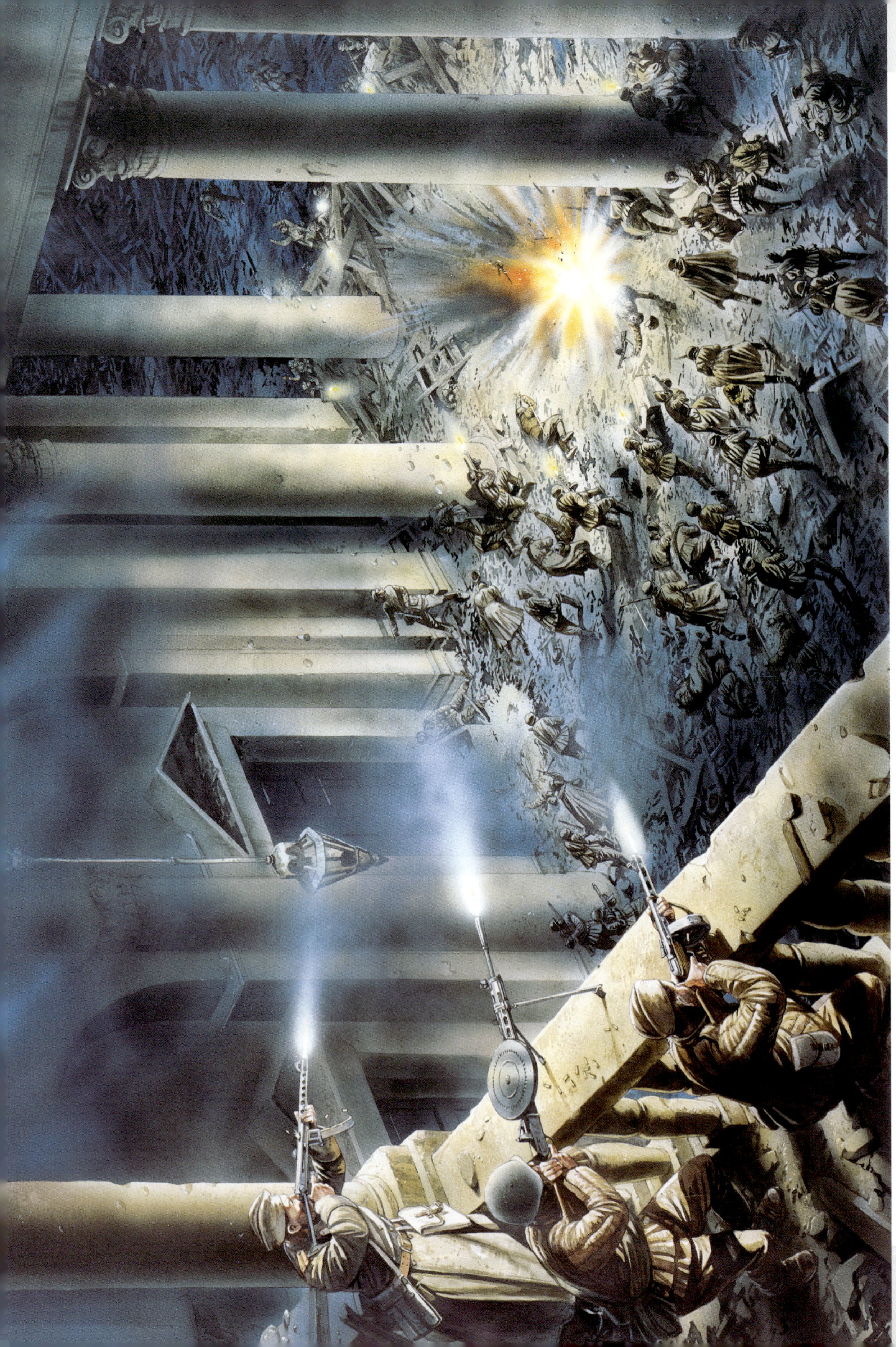

■帝国議会（ライヒスターク）攻略

　第79狙撃兵軍団は、4月28日午後にアルト・モアビット通りを進軍する途上で、帝国議会（ライヒスターク）をはじめてその目でとらえた。軍団はモルトケ橋突破のための激闘に続き、内務省ビル、クロール・オペラハウス、外交特区に残る抵抗拠点の一掃にあたらねばならず、帝国議会（ライヒスターク）攻略にとりかかれたのはようやく4月30日のことであった。三度目の攻撃が失敗したところで、右翼隊近くの議事堂階段に赤旗が翻るのが見えたとの、のちに誤報と判る報せがもたらされた。

　第79狙撃兵軍団の攻撃は18.00時（午後6時00分）に再興され、今度は戦車と自走砲の近接支援が加わった。第380、第674、第756狙撃兵連隊の将兵はやっとのことで議事堂の正面階段をのぼり、玄関を埋めたレンガのバリケードに爆薬で突入口を開けると、そこから玄関ホールへと突入した。中へ入った赤軍兵士の数が増えるにつれ（1）、議事堂の1階では凄絶な白兵戦が開始された。ドイツ軍は頑強に抵抗し（2）、議事堂内部の構造物のレイアウトと薄暗がりを巧みに利用した（3）。ソビエト兵は瓦礫の狭間を縫って進むのに大変な困難にみまわれた。とりわけ壊れた家具調度類や崩れた天井や壁の破片に埋め尽くされた議場ホールは、死のるつぼと化した（4）。イラストは、議場制圧の幾度目かの攻撃をかけるソビエト歩兵と（5）、それをバルコニーから支援する射撃班（6）を示す。しかし、この攻撃も議場の向こう側にバリケードを築いて守る武装SSの兵士の銃火の前に阻止されそうである（7）。こうした近接戦闘では、拳銃、手榴弾、短機関銃がものをいった。ソビエト軍は、PPSh-41短機関銃（8）、ナガン回転式拳銃、トカレフ自動拳銃を装備し、ドイツ軍は、MP40短機関銃、MP44突撃銃、ルガーP-08、ワルサーP-38自動拳銃で武装していた。

　戦闘の続く間、第3打撃軍の軍事評議会から第150狙撃兵師団に託された、赤旗第5号旗を携行した特別国旗掲揚班がステファン・ネウストロイェフ大尉に率いられて、議事堂屋上へ出る道を探っていた。そしてついに、ベレスト少尉班の二名の軍曹が苦労して建物の裏に回り、階段を使って屋上へと出た。彼らは騎士の像を見つけると手頃な割れ目に旗竿をさし込んで赤旗を掲げた。国旗掲揚は公式には22.50時（午後10時50分）と記録され、二名の軍曹、М・А・イェゴロフとМ・В・カンタリアにはソ連邦英雄の栄誉が授与された。翌日、この一事を記念するために写真が撮られることになったが、写真家イェフゲニー・ハルデイは旗の位置があまりに高すぎると判断したため、空を背景にするよりはと、ブランデンブルク門を背景にして情景を再構成し、後世に残るあの有名な写真を撮影したのである。

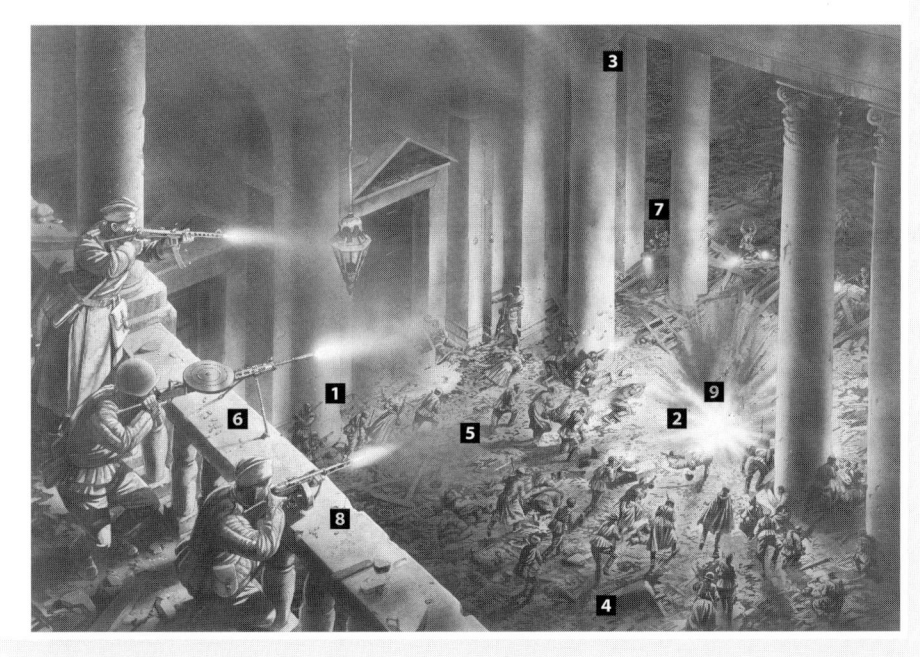

すを見せ、国防軍最高司令部（OKW）に対し、今後はすべての戦線の作戦の指導に関して、同司令部はヒットラー個人に対して責任を負うものとすることを命じた。これにより、永年続いた国防軍最高司令部（OKW）と陸軍最高司令部（OKH）の指揮権のねじれ関係は、解消されたのである。そして、リッター・フォン・グライム空軍上級大将（第6航空艦隊司令官）に対して出頭を命じた。フォン・グライムはこの状況に当惑し、ゲーリングの失態事を知らなかったことも手伝って、ベルヒテスガーデンに滞在中と聞かされたコーラーに相談を持ちかけに行った。その頃、カイテルは第41戦車軍団を訪問していたが、ホルステは部隊移動の遅れを適切な運搬手段の不足に求めるばかりであった。

　第2親衛戦車軍は南への進撃を継続し、ユング＝フェルンハイデ川を越えて、午後にはホーエンツォレルン運河に到達した。森林を目隠しにして同軍はたちまちのうちに渡河準備を終え、日没とともにいくつかの戦闘団が、重工業メーカーのジーメンス社が築いた大工業地帯であるジーメンスシュタットの端に、橋頭堡を獲得した。第3打撃軍は激しい抵抗にあっていたが、それでも運河へと達し、その第79狙撃兵軍団はラインィケンドルフを経て、無人となっていた「ヘルマン・ゲーリング」兵営を占領した。一方、第12親衛狙撃兵軍団は、ヴェディングを通りヴェディングの近郊鉄道（Sバーン）駅に設けられたドイツ軍の防御拠点とフンボルトハインの高射砲塔にぶちあたった。第7狙撃兵軍団だけは、さしたる抵抗も受けずにアレクサンダープラッツに向かう二本の道路を進む事ができた。第5打撃軍は、第26親衛狙撃兵軍団と第32狙撃兵軍団をフランクフルター・アレーの両側に展開させて、西への進撃を続け、内周防衛環内側のシュラハトホフ（畜肉処理場）団地の敵を一掃した。第9狙撃兵軍団はシュプレー川を越えてランメルスブルクからトレプトウ公園へと進攻し、第11SS「ノルトラント」戦車擲弾兵師団を押し返した後、シュプレー川とラントヴェーア運河に並行して前進を再開した。

　ジューコフの第8親衛軍および第1親衛戦車軍は、ベルリンを南から攻めるための西への方向転換に忙しかったが、その途上で、偶然にも第3親衛戦車軍を発見する結果となり、テルトウ運河に到達する前に、先にその場にいた第1ウクライナ方面軍との連接が完成してしまった。コーニェフ軍に遅れを取ったという衝撃的事実の報せは瞬く間に軍から方面軍の司令部へと駆け昇り、ジューコフは事態を信じることができず、そこにいるのが何者で何をしているのかを確認させるために、連絡将校数名を派遣したほどであった。ジューコフの威信が大きく傷つけられたことは別として、このことは上級司令部間の連絡が欠如していた事と、ジューコフとコーニェフとの間に不信が続いていたことを、強調する結果となった。いまや、スターリンはその思惑を公にし、方面軍境界線をリッベンからトイピッツ、ミッテンヴァルデ、マリーエンドルフを経てアンハルター駅へと延ばした。そこから境界線はライヒスターク（帝国議事堂）の東側へと引かれ、南からベルリン中心部へと一番乗りする機会は、ついにコーニェフに与えられることになったのである。この間、第3親衛戦車軍はテルトウ運河を越えての突撃を敢行し、わずかな成功を収めていた。第9機械化軍団はランクヴィッツで橋頭堡を獲得したが、ドイツ軍の反撃により潰されてしまった。第6親衛戦車軍団はテルトウ、第7親衛戦車軍団はその左で橋頭堡を獲得できたものの、敵の抵抗が続いたために、コーニェフは橋頭堡の拡大を当面、見送ることに決めた。ドイツ軍の抵抗

ドイツ軍拠点に零距離射撃を食らわせるソビエト軍重砲（203mm榴弾砲MB4）。市街戦においてソビエト軍は砲兵の直協支援を重視し、前進する歩兵部隊に砲兵を随行させるために、工兵を積極活用してバリケードの撤去による前進経路の啓開にあたらせた。
（イギリス帝国戦争博物館、IWM,FLM3346）

は、地区部隊を第20戦車擲弾兵師団の残余が支援し、これに第18戦車擲弾兵師団が加わったものであった。その兵力は6000名を越え、ティーガー2両、IV号戦車20両、装甲兵員輸送車25両をもつ、強力な機甲部隊であった。北東方向へと進む第4親衛戦車軍は、その第10親衛戦車団がポツダム郊外へと達し、第6親衛機械化軍団はブランデンブルクに到達した。

遠く西の戦区では、第13軍はエルベ河のヴィッテンベルクに達し、同地で宿営中であったドイツ第12軍の第20軍団と交戦を開始した。戦闘は熾烈を極めたので、コーニェフはこれが予期していた反撃であると早合点し、第5親衛機械化軍団の一部を即座に投入した。また、第33軍はオーデル河を渡りフュルステンブルクを攻略、第1白ロシア方面軍の第3軍は、トイピッツでコーニェフの第28軍と連接した。これにより第9軍の包囲環が完成した。その遥か南で、第5親衛軍はシェルナーのシュプレムベルクへの突進を何とか阻止したが、ドイツ軍を退却に追い込むには、なお数日間の激戦を要した。

1945年4月25日
25 APRIL 1945

ヴィッスラ軍集団司令官ハインリーチ上級大将は、オーデル河で第2白ロシア方面軍を相手に消耗戦を続けていた、第3戦車軍司令官のフォン・マントイフェルのもとを訪れた。ハインリーチは続いて第25戦車擲弾兵師団を訪れたが、そこでヨードル上級大将がシュタイナーを説得して、ベルリン救援作戦を開始させようとしている現場に出くわした。ヨードルとカイテルはともに、ベルリンの救援とヒットラーの救出を望んでいたが、野戦司令官たち

対空警戒にあたるドイツ軍の20mm四連装機関砲。低空域の防空用に作られた機関砲であるが、地上戦闘でも歩兵の突撃破砕や軽装甲車を相手に猛威を振るった。(Nik Cornish Library)

　はそのための兵力が手元に無いことと、また東部戦線のドイツ軍が壊滅の危機に瀕していることもよく熟知していた。この会見の直後、ハインリーチはソビエト軍がシュテッティンの南でフォン・マントイフェルの戦線を破ったことを知り、事前に立てた計画に従って部隊を退却させるよう許可を与えた。ハインリーチはそれから、48時間前にカイテルが取り戻したばかりの国防軍最高司令部（OKW）宛に、退却許可の旨を知らせる通信文を送った。

　この日、ハインリーチにとって唯一の良い知らせは、ビーラー大佐のフランクフルト・アン・デア・オーデル守備隊が、ついに第9軍と合流したという報告であった。第9軍はこの時すでに西への脱出準備に入っており、リディガー・ピプコーンSS大佐の戦闘団（第35SS警察擲弾兵師団と第10SS「フルンツベルク」戦車師団の残余で構成）とハンス・フォン・ルック大佐の戦闘団（第125戦車擲弾兵連隊）の同時攻撃で、突破の火蓋を切る手はずとなっていた。ふたつの戦闘団は悪戦苦闘の末に合流にこぎ着けたが損害は甚大であり、生存者は第9軍本隊と合流するために退却した。連合軍にとってはこの日は歴史の1ページを飾るにふさわしい日となった。ソビエト第58親衛狙撃兵師団は、エルベ河畔のトルガウ近郊でアメリカ第69歩兵師団との連接を果たし、ここにドイツはふたつに分断されたのである。

　ヴァイトリングは、第56戦車軍団の配置を基にした防衛地区の組織改編計画書を交付したが、そこに記されたようにはベルリンの防衛態勢は明確に組織化されていなかった。問題の根本は武装SSと国防軍の対立にあり、最前線では互いにうまくやっていたものが、指揮系統を上るにつれて反目が強

くなっていたのである。「ツィタデレ」地区の防衛司令官にはザイフェルト中佐がついていたが、それは名ばかりのもので、配属された部隊は多種雑多なものであった。モーンケSS少将はヒットラーに対して直接、中央政府区画の防衛の責任を負っており、これには帝国官房とその周辺の官庁ビルが含まれていた。指揮下にあるのはSS「アンハルト」連隊、クールマン海軍中佐の「デーニッツ海軍元帥」大隊といった様々な部隊であり、モーンケ自身はヴァイトリングへ連絡を取る意志は持っていなかった。この日の遅く、第11SS「ノルトラント」戦車擲弾兵師団長がツィーグラーからクルーケンベルクSS少将に替わったが、ヴァイトリングの評価ではこの部隊はもはや戦力としてみなされていなかった。

　開催が待たれていた第47軍と第4親衛戦車軍の野戦会議は、この日の朝、ケッチン近くで開かれた。この間も、第125狙撃兵軍団はシュパンダウとガトウ飛行場への攻撃を継続した。部隊はシュパンダウの守備隊（アウグスト・ハイスマイヤーSS大将）を孤立させることに成功したが、ガトウの敵を追い出すことには失敗した。市の北西部では第2親衛戦車軍は歩兵戦力が不足していたために、ジーメンスシュタット工業地帯の残敵掃討に手間取っていた。第3打撃軍はプレッツェンゼー閘門でホーエンツォレルン運河を越え（第79狙撃兵軍団が担任）、激戦の後に捕虜収容所を占領した。しかし、ケーニヒスダム橋が爆破されてしまい、さらに一帯は対岸のドイツ軍陣地から丸見えであったために、支援なしでは進撃を続けることができなかった。同軍は他ではモアビット地区に突入し（第12親衛狙撃兵軍団が担任）、アレクサンダープラッツ外縁を目標に進出した（第7狙撃兵軍団が担任）。

　ベルリンの東では、第5打撃軍が急速に市の中心部へと向かい、第26親衛狙撃兵軍団はフランクフルター・アレーの両側をフリードリヒスハインの高射砲塔を目指して進み、第32狙撃兵軍団はシュレジッシャー鉄道駅付近でドイツ軍の強力な抵抗陣地にぶつかった。ラントヴェーア運河を強攻渡河した第9狙撃兵軍団は、ゲルリッツァー鉄道駅付近において激戦の渦中にあ

ベルリン中心部で掩護物を求めて走るソビエト兵士。市街戦の主役は歩兵であり、戦闘の性格は徹底して防者有利であった。ドイツ兵は狙撃や待ち伏せ攻撃をかけると、混乱するソビエト軍を尻目に瓦礫の間へと姿をくらました。
（Topfoto/Topham）

った。一方で、第8親衛軍および第1親衛戦車軍は、テンペルホフ空港を目指してテルトウ運河を強攻渡河した。飛行場には強力な高射砲部隊と様々な補助部隊が展開しており、高射砲は砲身を下げて簡単に対戦車砲に早変わりすることができた。第28親衛狙撃兵軍団（2個戦車旅団を増強）は飛行場に正面攻撃をかけ、その左を第29親衛狙撃兵軍団（第8親衛機械化軍団が支援）、その右を第4親衛狙撃兵軍団（第11親衛戦車軍団が支援）が進んだ。第29親衛狙撃兵軍団は飛行場の敵の猛烈な抵抗で足止めを食ったが、他の2個軍団はテルトウ運河を渡って苦もなく進撃を続けた。第3親衛戦車軍は第28軍主力とともに、近郊鉄道（Sバーン）環状線へと迫る間に激しい抵抗に直面していた。部隊は南郊外の市街地に入って以来、戦術に工夫を重ねてきたが、さらに建造物の密集したベルリン中心部での戦闘に備えて、戦いの中で新たな戦術を編み出して行かなければならなかった。この授業に支払う兵器と兵員の代価は高くついたが、事情は他の部隊でも同様であった。コーニェフ軍は明らかにライヒスターク（帝国議事堂）を目指して北東方向へと進路を取っており、それは何としてでもジューコフに先んじてこの勝利のトロフィーを奪い取ろうという、コーニェフの意思のあらわれだったのである。両軍の布陣が入り乱れた結果、友軍誤爆の事故が何件も発生したことで、空軍との調整は困難であることが明らかになった。そこでソビエト軍最高司令部（スターフカ）は方面軍境界線を変更して、ミッテンヴァルデ、テンペルホフ貨物駅、ポツダマー鉄道駅間の線に引き直した。

　ベルヒテスガーデンでは、リッター・フォン・グライム空軍上級大将が、状況に関して話し合うため、コラー空軍大将のもとを訪れていた。フォン・グライムはコラーが説く、4月23日の件に関してゲーリングは無罪だとする意見には同意しなかったが、コラーによる減刑嘆願書をヒットラーに直接渡すことには同意した。そして、ハンナ・ライチュ（ナチス・ドイツ時代の高名な女性パイロット）の操縦によるベルリンへの危険な飛行計画案を練り始めた。日付の変わる直前に、ヨードルはヒットラーから国防軍最高司令部（OKW）のベルリン救援および東部戦線安定化案を補完する、詳細な指示書を手渡された。それは非常に野心的な計画であったが、地上の戦況をまったく無視したものであった。ハインリーチと配下の軍司令官たちは現況を鋭敏に理解しており、ソビエト軍の前進を阻む一方で、一人でも多くの兵士にエルベ河を渡らせようと、秘かに作業を開始していた。ヒットラーはまた、クルト・フォン・ティッペルスキルヒ歩兵大将を司令官とする、第21軍を創設することを認可していた。同軍はリベックを目指すことが予測されるイギリス第21軍集団に対抗するものであり、もしリベック攻略が成れば、シュレスヴィヒ＝ホルシュタインとデンマークを失う結果になるのであった。シュタイナーはまだ救援作戦にあてる増援部隊（第25戦車擲弾兵、第7戦車、第3海軍師団）の到着を待ちわびていた。しかし第3戦車軍がソ連軍の重圧に抗しきれなくなり、プレンツラウを流れるユッカー川の南北に延びる線からの撤退を決めたことで、状況は定まった。もはやシュタイナー軍による救援攻撃は自殺行為に等しく、ハインリーチはヨードルに対し、フォン・マントイフェルの戦線を安定させるためにこの3個師団を投入する許可をヨードルに求めた。ヨードルはこれを拒絶したため、ハインリーチは秘密裏に第7戦車師団に対し、移動禁止命令を出したのである。

1945年4月26日
26 APRIL 1945

　夜明け少し前に、ヴェンクは突破攻撃を開始し、第20軍団を先頭にブランデンブルク＝ベルツィヒの線からポツダムへ向けて打って出た。道路は避難民でごったがえしていたために部隊は不整地を進んで、第6親衛機械化軍団のがら空きの側面を衝いた。敵軍団はあっさりと降伏し、同時に3000人の患者を抱えたドイツ軍野戦病院および医療スタッフと医療資材が部隊に加わった。若い兵士たちは開戦劈頭に国防軍の戦士たちがみせた鋭気をもって戦い、初日だけで18キロメートルを躍進する働きを示した。
　ヴェストハーフェン運河渡河の努力を継続していた第79狙撃兵軍団は、砲兵の直接支援射撃と煙幕の力をかりて渡河を果たした。だが、ボイセルシュトラーセ近郊電車（Sバーン）駅の抵抗拠点はなおも頑張っていた。第5打撃軍は一日を激戦に明け暮れた。その中で第9狙撃兵軍団だけがゲルリッツァー鉄道駅を占領して、クロイツベルクへと進む戦果を挙げた。チュイコフの部隊は、テンペルホフ空港を占領した後、ラントヴェーア運河に向けて前進していたが、徐々に左へと舵を切り、その右側面部隊はラントヴェーア運河に平行して進んだ。この日の終わりには、第8親衛軍と第1親衛戦車軍は、その左翼をポツダマーシュトラーセ、中央をハインリヒ＝フォン＝クライスト公園に置くようになっていたが、これはソビエト軍最高司令部の決めた方面軍境界線を越えており、第3親衛戦車軍の進撃予定路に食い込んでいた。
　ヴァイトリングは、前防衛司令官であったエーリヒ・ベーレンフェンガー中佐がAおよびB防衛地区の司令官に返り咲き、同時に昇進したことを知らされた。これはベーレンフェンガーの巧妙な裏工作による所産であったが、ヴァイトリングにとっても好都合で、ホーエンツォレルンダムの司令部を引き払うと、まずはベントラーシュトラーセの旧陸軍最高司令部（OKH）ビルの地下、続いてその外の陸軍通信地下壕へと移動させた。ムンマートが「ミュンヒェベルク」戦車師団長に戻ったことで、師団長の任を解かれたヴェーラーマン大佐は防衛砲兵司令官となった。アレクサンダープラッツで戦う「ノルト＝ヴェスト」連隊は戦力が半分以下となったため連隊は解散となり、残った将兵はベーレンフェンガーの指揮下に組み入れられた。第18戦車擲弾兵師団は6両の戦車と15両の装甲兵員輸送車に支援された1個戦闘団を、第20戦車擲弾兵師団との連絡回復のために送ったが、ソビエト軍の激しい抵抗にあい撃退された。だがこの作戦の影響で第3親衛戦車軍の前進は、警戒を厳しくした慎重なものとなった。同軍は、より市街化の進んだグリューネヴァルト、シュマーゲンドルフ、シュティーグリッツ地区突入を前にして、じっくりと市街戦の戦法を研究していた。それでも左翼をゆく第55親衛戦車旅団だけは躍進し、トイフェルゼー近くの弾薬集積所を蹂躙してアイヒカンプ地区で停止した。こうしたさなか、シュペーアをベルリンに運びまた連れ戻したパイロットは、今度はハンナ・ライチュとフォン・グライムをFw190戦闘機に乗せてガトウ飛行場へ連れて行ったが、そこから総統地下壕との連絡はつかなかった。フォン・グライムとライチュはフィーゼラー・シュトルヒ連絡機に乗りこんで地下壕へと飛んだが、途中、対空砲火でフォン・グライムが負傷したため、ライチュは緊急着陸を余儀なくされた。一行は通りがか

ベルリンの路上に展開するカチューシャ車載ロケット砲。ドイツ軍から「スターリンのオルガン」とあだ名されたこの兵器は、口径82mmないしは132mmのロケット弾を最大48発まで搭載できた。（RGAKFD）

った車を徴発し地下壕へと到着したが、そこで判ったのはヒットラーは単に、フォン・グライムを空軍元帥に昇進させた上で空軍総司令官の職を与えることを考えている、という事実であった。

1945年4月27日
27 APRIL 1945

　ベルリンの北では、フォン・マントイフェルの第3戦車軍が、どうにかロコソフスキーの第2白ロシア方面軍の重圧を持ちこたえていたが、ソビエト軍はついにプレンツラウの北で戦線を破ってしまったので、国防軍最高司令部（OKW）はしぶしぶ第7戦車師団と第25戦車擲弾兵師団の投入（ハインリーチの要請によるもの）による増援強化を承諾した。これでシェルナーの攻撃に参加できなくなったが、戦線が落ち着きしだいただちに原任務に戻すことにはなっていた。しかしハインリーチにはこの約束を守る気はさらさらなく、両師団をノイブランデンブルク＝ノイシュトレリッツの線に張り付けにして、主要退却路を守らせた。残る第3海軍師団も第3戦車軍の後退戦のさなかに消耗してしまい、戦力として使いものにならなくなっていた。西では、ガトウの町と飛行場がついに陥落し、ソ連軍は町の対岸となるハーフェル西岸の掃討に入った。エルベ河を目指す第47軍の先鋒はラーテノウとフェウアーベリンに達したが、ホルステの第41戦車軍団の激しい抵抗を受け、進撃は止まる寸前となった。この間、ベルリンの南では、ブッセ大将の第9軍が包囲陣脱出の機会をうかがっていたが、ソビエト軍による包囲環の締め付けはますますきつくなっており、何の結果もえられなかった。このときヴェンクの第12軍はポツダムの真南のフェルフまで進出していた。
　ベルリン市街では、チュイコフの第8親衛軍がクルーケンベルクの第11SS「ノルトラント」戦車擲弾兵師団をラントヴェーア運河の対岸へと追いやっ

た。このため同師団は、シュピッテルマルクト＝ベラリアンス・プラッツ間で防衛線を敷き、ウンター・デン・リンデン通りの国立オペラ座の地下に指揮所を置いた。クルーケンベルクは師団をモーンケSS少将の直接指揮下におくことを望んだので、地区司令部の存在は無視した。ザイフェルト中佐は空軍省のビルにあったが、その前面には「ミュンヒェベルク」戦車師団の残余が展開していた。

　第2親衛戦車軍の主力はジーメンスシュタットの掃討を終えると、シュプレー川の合流点へと進んだ。この流れは西へ行けばハーフェル川につながり、東へ行けばヴェストハーフェン運河へとつながっていた。その第35機械化旅団は、シュプレー川にかかるほとんどの橋が落とされていたにもかかわらず、ルーレーベン地区で渡河に成功した。これは、ライヒシュトラーセ沿いに北進する第3親衛戦車軍の第55親衛戦車旅団の動きと呼応しており、強化された同旅団はルーレーベンへ進出して第1白ロシア方面軍の部隊と連接することで、ベルリン守備隊を袋のネズミにすることを命じられていたのである。ふたつの旅団は、シャルロッテンブルク街道付近で合流し、その後第35機械化旅団は、一帯の掃討を第55親衛戦車旅団にまかせて、シュプレー河を渡って後退した。しかし、ヴァイトリングは何としてもこの西への脱出を可能とする撤退路を失いたくなかったので、地区防衛強化のために第18戦車擲弾兵師団を送った。同地のソビエト軍兵力は手薄であり、ドイツ軍は簡単に敵中に割り込むことができた。

　第79狙撃兵軍団はモアビットを抜けて進出を続けたが、アンドレイ・ウラソフ将軍の白ロシア軍までをも含む、文字通り寄せ集めのドイツ軍部隊による激しい抵抗にぶつかっていた。頑丈な石造建造物を多数含む地域での戦闘は、時間がかかり損害も大きかった。しかし、同地区にあった複数の捕虜収容所からは数多くのソビエト兵士が解放されていたので、それらはすぐに補充兵として部隊に組み込まれた。第3打撃軍の他の部隊は、フンボルトハインの高射砲塔に支援されたドイツ軍の防御拠点群潰しに忙殺されていた（シュテッティナー鉄道駅など）。その一方で、第9降下猟兵師団相手の市街戦も続いており、壮絶極まりない混戦の中で大出血を強いられていた。夜間の前進続行を切望する上層部の意に反し、困難な市街戦を戦う最前線の部隊では、闇に包まれる時間を休養、再編成、物資補給や兵員補充にあてるのが普通であった。第1白ロシア方面軍の市街戦テクニックは、一本の通りに1個狙撃兵連隊を割り当て、各1個大隊が道路の片側を受け持ち、三番目の大隊が後方を進み、支援砲兵は工兵の助けを借りて背後を前進した。

　第5打撃軍の前進ははかばかしくなく、戦区の各所で激戦が続き混乱状態にあった。とくにローベン＝ボーニッシュ醸造所、シュレジッシャー鉄道駅、フリードリヒスハイン高射砲塔がその焦点となった。第8親衛軍はラントヴェーア運河に到達すると、地区の掃討に入った。ドイツ軍の抵抗巣はいくつも残っており、またチュイコフは指揮所をシューレンブルクリンク2番地に設置した。シュプレー川を越えて南進する第3打撃軍に合わせて、第5打撃軍は市街中心部を西へと進んだ。チュイコフはティーアガルテン南部を制圧する任務を負っており、これにはポツダマー鉄道駅とアンハルター鉄道駅も含まれた。第3親衛戦車軍は北上してホーエンツォレルンダムとAVUS（自動車交通実験道路）自動車専用道に達したが、そこで第30戦車擲弾兵連隊と第118戦車連隊主力により一旦は進撃を阻まれた。またシェーネベルクで

は第51戦車擲弾兵連隊が遅滞戦闘を実施していた。しかしその後、ソ連軍の重圧を受けて師団は、ヴェストエント駅からシュマーゲンドルフ駅間で近郊鉄道（Sバーン）に沿った内周防衛環に押し込まれてしまった。この間、第55親衛戦車旅団は全力を挙げて丘を登り、オリンピック競技場と帝国スポーツアカデミーを攻略した。この一帯はアントン・エダー大佐のF防衛地区の管轄下であり、ドイツ軍の局地的反撃により攻略は成功しなかった。

■ 1945年4月28日
28 APRIL 1945

この日の早朝、カイテルはシュタイナーの元を訪れたが、第3戦車軍の最新の戦況を知らずにいたため、第7戦車師団の所在に関して答えることができなかった。カイテルはそこで、「シュラゲター」RAD歩兵師団を増援として送ることを確約したが、しかしこの部隊は前週の戦闘で消耗しており、戦闘部隊としては使いものにならなくなっていた。シュタイナーもまた、カイテルに救援作戦が準備中であることを確約してみせたが、内心ではとても成功のおぼつかない作戦に部下の将兵をかりたてる気は毛頭なかった。この間、ヒットラーの方では、シュタイナーのもたつきに飽きがきていたので、ホルステ中将の第41戦車軍団に対して替わって救援にあたるよう命じた。ホルステは第47軍に対処するために部隊を配置し直す必要があるとして、しばしの猶予を願い出た。国防軍最高司令部（OKW）へ戻る途上で、カイテルはハインリーチの助けに差し向けた2個師団がどう扱われたのかを知り、ヒットラーの命令に反しまた国防軍最高司令部（OKW）への連絡無くして、第3戦車軍が総退却中であるという事態に愕然とした。ノイブランデンブルクの西の十字路端で、ヨードルとカイテルは共にハインリーチとフォン・マントイフェルと対峙し、命令違反の現状について詰難し喧々囂々の論戦を交えたが、結局はその場から引き下がらざるをえなかった。

晩になって、ブッセ軍はフランクフルト・アン・デア・オーデル守備隊残余を収容し、脱出の準備を完了した。攻撃の焦点はハルベ近くに定められた。ここはソビエト方面軍間の境界線が走り、防備が手薄であった。ここを抜けた後には、森林地帯の中を64キロメートルも進む旅が待っていたが、ソビエト軍の砲兵観測員と航空機から身を隠せるのは好都合であった。突破攻撃の先頭は第11SS戦車軍団がつとめ突破後は北側面の掩護のために展開、つづいて第5軍団が進んで南側面を固め、しんがり役は第5SS山岳軍団（第21戦車師団と共同）が担う手はずになっていた。夕闇の訪れとともに攻撃は開始され、数千人の避難民も部隊とともに進み始めた。第11SS戦車軍団は数線のソビエト軍警戒線を破り、第9軍本隊がその穴をすり抜けた。しかし後衛部隊は突破口を塞ごうとするソビエト軍との戦闘に巻き込まれてしまい、

1945年5月、アレクサンダープラッツで交通整理にあたる交通統制官のマリヤ・シャルネヴァ。戦闘間に、兵員・装備・補給物資をそれぞれ正しい目的地へと導くことは重要な作業であり、ひとたびミスをすれば交通渋滞が発生し、敵にまたとない砲撃目標を与えることになる。
(Topfoto/Topham)

激戦が始まった。

一方、第125狙撃兵軍団の先鋒がガトウを制圧し北からのポツダム攻撃を開始した時には、兵力2万人のライマン将軍率いる同守備隊は、ヴェンクの第12軍と連絡をつけた上で、湖岸沿いに一部はゴムボートで撤退を開始していた。北西部では、ルーレーベンを離れた後、第2親衛戦車軍は部隊を再配置してシュプレー川閘門越しの攻撃を計画し、北はシャルロッテンブルク城公園とユングフェルンハイデ近郊電車（Sバーン）駅の抵抗拠点（第1機械化軍団が担任）、南はモアビットの隣接地区でラントヴェーア運河（第12親衛戦車軍団が担任）を目指すものとした。市北部の第3打撃軍戦区では、第79狙撃兵軍団がアルト・モアビットを南下し続け、ついにライヒスターク（帝国議事堂）を直接その目にとらえた。勝利目標が近くなったことで、政治的判断によって定められた最終期限に間に合わせるために、上層部は部隊に対しよりいっそうの英雄的犠牲精神の発揮を求め、遮二無二の突進へと駆り立てるところとなった。目標奪取へ向けてのスターリンからの圧力には甚だしいものがあり、この期におよんでサボタージュのかどで糾弾される結果になることを誰もが恐れたのである。もはや損害がどれほどのものに上ろうと、問題視されることはなくなった。第79狙撃兵軍団の将兵を待ち受けていたものは過酷な運命への挑戦であった。同地区で唯一無事な橋は、厳重にバリケード封鎖され地雷の仕掛けられたモルトケ橋だけであり、しかも対岸の内務省ビルと外交特区に築かれた防御拠点からの銃火にさらされていた。この拠点の向こう側、ライヒスタークへ続く巨大な広場（ケーニヒスプラッツ）には多数の防御拠点、掩蔽壕、塹壕、トーチカ、砲座、水濠が設けられていたのである。都合良く、モアビット地区の戦いで出た損害は、解放されたソビエト兵捕虜によって充足されていたので、各大隊は3個狙撃

ベルリンの市外を進むソビエト兵士。このような見通しの良い場所で無防備に姿をさらす兵士は、敵の狙撃や待ち伏せの餌食となりやすい。そんなことは兵士は百も承知であろうから、よほど注意を引くものが通りの奥にはあるのだろう。
（中央軍事博物館、モスクワ）

兵中隊および1個重火器中隊、1個45mm野砲中隊からなる、ほぼ定数通りの500人の兵力を回復していた。

　フリードリヒスハイン高射砲塔、ランツベルグ街道、フランクフルター・アレー周辺でなおも持ちこたえるドイツ軍拠点との戦闘は、混戦・乱戦の様相を呈していたが、第5打撃軍は全般的には急進撃を果たした。その第26親衛狙撃兵軍団がアレクサンダープラッツと警察本部を攻め、第32狙撃兵軍団がなおもシュレジッシャー鉄道駅の抵抗拠点の制圧につとめる一方で、第9狙撃兵軍団は激しい抵抗を粉砕してシュピッテルマルクトと帝国特許局を奪い、ゴールである帝国官房（ライヒスカンツェライ）から1400メートルほどにまで迫ったのである。この間、第8親衛軍はラントヴェーア運河渡河の準備を進め、投入しうる限りの野砲とロケット砲を直接射撃任務のために集めた。個々の突撃班の渡河手段の選択はその創意工夫に委ねられたが、チュイコフは自分用として健在なポツダマー橋を奪取して渡ることを選んだ。しかし橋は厳重に守られ一帯は敵機関銃の縦射にさらされていた。第3親衛戦車軍はラントヴェーア運河の渡河攻撃を発起したが、しかし進出経路上の諸点はすでにチュイコフの第8親衛軍部隊が占有していたので、第9機械化軍団を左翼に移した後で攻撃方向を北西へと転じた。これは第56親衛戦車旅団にとっては朗報となった。同旅団の戦車は、フェウアベリナープラッツに布陣する第51戦車擲弾兵連隊の対戦車チームの格好の餌食となっていたのであった。

　午後遅くなって、ヒムラーがスウェーデンのベルナドッテ伯爵を通じて和平交渉を進めているとの知らせが、地下のヒットラーの元に届き総統はたちまち激昂した。ヒットラーはフォン・グライムを呼び、空軍に残された全戦力をもってベルリン防衛の支援にあたることと、ヒムラーを逮捕し裁判にかけることを命じた。戦争もこの段階となっては、ヒットラーをもってしても形勢逆転の一策を編み出すことはできなかったのだが、野戦司令官たちはその手に余る戦局に日夜対処しなければならなかった。ヴァイトリングにしても事態は如何ともしがたかった。防衛司令官の任についたのはあまりにも遅すぎ、もはや計画を改善することもできず、また言うに足るほどの増援兵力も与えられなかった。しかもハインリーチやフォン・マントイフェル、ブッセやヴェンクが手にしていたような行動の自由も無く、手元にあるものといえば最期まで戦うことを欲する大勢の狂信的なナチばかりだったのである。ヒットラーは永年の恋人であるエーファ・ブラウンと結婚する意思のあることを明らかにした。ついで私的遺言および政治的遺言を、秘書の一人であるトラウドル・ユンゲを相手に口述により書き取らせ始めた。そこにはデーニッツ提督を後継者として大統領に指名し、ゲッベルスを首相とすると記された。その同じ頃、フォン・マントイフェルはハインリーチに電話をかけ、第3戦車軍は総退却中であり、この件に関してヨードルが自分のもとに来て状況をその目で確かめるといっていることを伝えた。ハインリーチは第3戦車軍の総退却の事実をカイテルに申し送った。カイテルは目に余る命令不服従であるとハインリーチを糾弾したが、ハインリーチは、国防軍最高司令部（OKW）の下す無茶な命令に対しては、部隊の指揮を執る責任を全うすることができないとやり返した。カイテルは即座にハインリーチを解任した。

1945年4月29日
29 APRIL 1945

　ヴェンクの第12軍にとって、日増しに募るソビエト軍の重圧に対し、ブッセの第9軍の到着を待って延びきった戦線を保持し続けることは、難しくなっていた。戦況は悪化するばかりであり、もはやヴェンクがベルリンへ向けて進み続けることが不可能なのは明らかであった。万やむを得ず、ヴァイトリングに対してその旨を伝える電文が送られた。ヴァイトリングがこれを受領したかどうかは、受領記録が残っておらず定かではない。第9軍はどうにかしてソビエト戦線をツォッセンとバルートの間で抜け、西への逃亡行を続ける前に、道路の西側でしばしの休息を取った。第5SS山岳軍団と第21戦車師団の諸隊を含む後衛部隊の一部と市民の大多数は包囲陣を抜けることができず、ソビエト軍の手により掃討されようとしていた。だが包囲陣内で続く戦闘は激しいものでありソビエト軍の損害も大きかったため、ソビエト軍は第9軍全部を罠にとらえたものと誤認したので、脱出に成功した部隊への追跡はおこなわれなかった。

　ブッセはヴェンクに対し、第9軍のヴェンク軍への合流は可能であるものの同軍はもはや戦力が尽きていることを通告した。ヴェンクはこの旨を国防軍最高司令部（OKW）に対して上申し、すでに第12軍自体の戦力がベルリン救援に資するには弱体すぎると判定していた最高司令部は、しぶしぶこの事実を認め、ヴェンク軍が独自の作戦計画に従い行動することを承諾した。

　この間、ハインリーチの解任に伴い、フォン・マントイフェルはヴィッスラ軍集団の司令官に就任することを命じられていた。しかし、前司令官と指揮下の将兵に対する忠誠を重んじたフォン・マントイフェルは、司令官就任を断わる理由として第3戦車軍が直面している危機的状況を引き合いに出し、命令を拒絶した。そこで国防軍最高司令部（OKW）は、かわりにクルト・シュトゥデント上級大将を軍集団の新司令官に据えることにし、オランダから飛行機で来るように求めた。シュトゥデントが着任するまでの間は、新編の第21軍司令官であるフォン・ティッペルスキルヒ大将が、本人の望みではなかったが司令官職を兼任することになった。この日、第2白ロシア方面軍は猛攻をかけ、北ではアンクラム、中央ではノイブランデンブルクとノイシュトレリッツを落とし、南ではハーフェル川を越えた。その同じ頃、イギリス第21軍集団はラウエンブルクを奪取したため、エルンスト・ブッシュ元帥はリューベック近くで間隙部を保つために奮闘していた。また、ソビエト地上軍がその所在地に接近してきたため、国防軍最高司令部（OKW）は総統地下壕のヒトラーに最後の通信を送った後、移動を開始して総退却中の第3戦車軍へと合流した。

　この日は、いくつかの小グループが地下壕を離れたが、その中にはヒトラーの遺言書を携えデーニッツ提督の元へと向かうことを命じられた、急使も含まれていた。ボルマンはこの任務に、彼の軍事顧問であるヴィルヘルム・ツェンダーSS大佐と宣伝省のハインツ・ローレンツを選んだ。シェルナー元帥への三番目の急使も予定されたが、これにはヒトラーの副官であるヴィリ・ヨハンマイアー少佐があてられた。

　午前中、第2親衛戦車軍戦区では、シュプレー川閘門を越える第1機械化軍団の攻撃が成功し、第219戦車旅団がユングフェルンハイデ近郊電車（S

バーン)駅の抵抗拠点を粉砕した。また、第12親衛戦車軍団はモアビット西部でめざましい進出ぶりを見せていた。しかし同軍では歩兵戦力が大幅に不足しており、ジューコフは手持ちのソビエト軍予備兵力が無かったので、かわりにポーランド第1歩兵師団を差し向けねばならなかった。前夜に攻撃準備を整えた第79狙撃兵軍団はモルトケ橋の攻撃にかかった。ソビエト戦車隊は橋の北のたもとのバリケードを強引に押しのけ、ドイツ軍は内務省とその周辺の建造物に増援部隊を送り込んだ。攻撃の初めは、重戦車の支援を受けた2個先鋒大隊が奇襲をかけたのだが、猛烈な反撃砲火により撃退されてしまった。二度目の攻撃では、外交特区の一角に小さな橋頭堡が獲得されたので、ソビエト軍はここを足場に橋頭堡の拡大に努め、戦火は徐々に対岸で拡大して行った。ソビエト軍はついに内務省ビル(「ヒムラーの家」とあだ名されていた)への突破口をこじ開け、ヘルヴァルトシュトラーセに出た。すぐさまSS「アンハルト」連隊が、果敢に敵中を突破して橋を渡りドイツ軍陣地に復帰した第9降下猟兵師団の将兵とともに反撃に繰り出し、これ以上のソビエト軍の進出を阻んだ。

　第3打撃軍は、激しく抵抗する拠点群を相手にゆっくりとした進出を続けていたが、とりわけシュテッティナー鉄道駅拠点の粘りようは凄かった。アレクサンダープラッツの掃討を続ける第5打撃軍も状況は同じであった。その第26親衛狙撃兵軍団はゆっくりとベルゼ(証券取引所)近郊電車(Sバーン)駅とローツ・ハウス(赤い市庁舎)に進んだ。市庁舎は第11SS「ノルトラント」

1945年5月、帝国官房(ライヒスカンツェライ)の階段に倒れたドイツ兵。兵士が本当にこの場で戦死したのか、撮影用の絵を作るために他から運ばれてきたのかは定かでない。ソビエト軍は1945年5月2日に帝国官房へと突撃したが、守備隊の大半は引き揚げており抵抗は微弱であった。(Topfoto/Topham)

破壊し尽くされたベルリン中心部に燃える建物からの黒煙が漂う下、守備隊の投降が続いた。ドイツ兵に打ち捨てられたバリケードや障害物が散乱する。(Topfoto/Topham)

戦車擲弾兵師団の部隊が守っていたので、庁舎の一部屋ごとを奪い合う熾烈な屋内接近戦が展開された。第32狙撃兵軍団はやっとのことでヤンノヴィッツブリッケ近郊電車（Sバーン）駅を占領しシュプレー川に到達し、渡河準備に入った。第9狙撃兵軍団は第92親衛戦車連隊の支援を受けて、アンハルター鉄道駅へ向けてザールラントシュトラーセを進んだが、メッケルンシュトラーセのクリストゥス教会と中央郵便局に設けられたドイツ軍抵抗拠点で、足止めを食らった。第8親衛軍は、強力な砲兵弾幕射撃に続いて、ラントヴェーア運河を越えての突撃を開始した。これをもってしても進展は思わしくなく、損害は甚大なものとなった。それでもこの日の終わりには、ソビエト軍はいくつかの足がかりを獲得し、ポツダマー橋を越えることができた。第3親衛戦車軍はヴィルマースドルフからの敵の一掃につとめていたが、方面軍境界線の変更に伴い、第55戦車旅団を第2親衛戦車軍戦区から引き上げる必要に迫られ、混乱を来した。

　この晩、ヒットラーはモーンケSS少将に対してソビエト軍のベルリン市外への進出状況に関する情報を求め、同時に国防軍最高司令部（OKW）に対しては、救援作戦の進捗状況を尋ねた。モーンケはこれに答え、ソビエト軍は北ではヴァイデンダマー橋、東ではルストガルテンと空軍省、南ではポツダマー・シュトラーセ、西ではティアガルテンに達しており、至近ではおおむね360メートルの距離にあると報告した。カイテルの報告は驚くほど正直なもので、基本的には第12軍はポツダムに到達したものの、ソビエト軍相手の防戦に追われているためベルリンへの進軍を継続することはできない。また、第9軍は脱出に成功したものの、その所在はその兵力と同様、一切が不明である、というものであった。窮状はもはや目を覆うべくも無く、ヒットラーは時ここに至って、自決が唯一とりうるべき選択肢であることを確信したのである。

1945年4月30日
30 APRIL 1945

　この朝ヒットラーはモーンケを再び呼び戦況を尋ねたが、モーンケの答えは、ソビエト軍は徐々に近づきつつあり、5月1日のメーデーにあたる明日には、帝国官房への総攻撃を発起するのは確実だというものであった。ヒットラーは次に、部隊の脱出を許可した。この命令はヴァイトリングにも伝えられ、将軍は参謀に対しこの夜遅くの脱出を計画するように命じた。作戦会議には武装SSは参加しなかった。脱出はヴァイトリングや他の守備隊に関わることであり、武装SSには無用であった。

　第79狙撃兵軍団は激戦の末に内務省ビルを占領し（第150狙撃兵師団）、外交特区の西半分の敵を一掃した（第171狙撃兵師団）が、小休止の暇が与えられることはなかった。スターリンは彼の疲弊した将兵が、このままライヒスターク（帝国議事堂）を奪取するものと確信しており、第207狙撃兵師団はシュリーフェンウーファーの街区を南へ通り抜け、ドイツ軍が強固な抵抗拠点に替えていたクロール・オペラハウスへと向かった。ライヒスタークへの主攻撃は11.30時（午前11時30分）に開始され、続いて13.00時（午後1時）に第2回攻撃が発起された。二度の攻撃はともにツォー（動物公園）高射砲塔の支援砲火をえて、釘付けにされた。14.25時（午後2時25分）、第150狙撃兵師団長シャチロフ少将は、ライヒスタークの階段に赤旗が翻るのを確認したとの報告を送った。この吉報は瞬く間に指揮系統を駆け上って

右頁●赤旗第5号旗を帝国議会議事堂（ライヒスターク）屋上に掲げたM・A・イェゴロフとM・V・カンタリアの両軍曹を撮影した、写真家イェフゲニー・ハルデイによる有名な写真。実際の赤旗掲揚は夜11時直前のことであったので、これは記録写真用の計算された再演である。（Topfoto/Topham）

総統地下壕の裏庭。地下壕裏口近くの写真にみえる壕が、1945年4月30日に自決したアードルフ・ヒットラーとエーファ・ブラウンが荼毘に付された場所だとされる。遺骸は近くの砲弾孔へと埋葬された。（Topfoto/Topham）

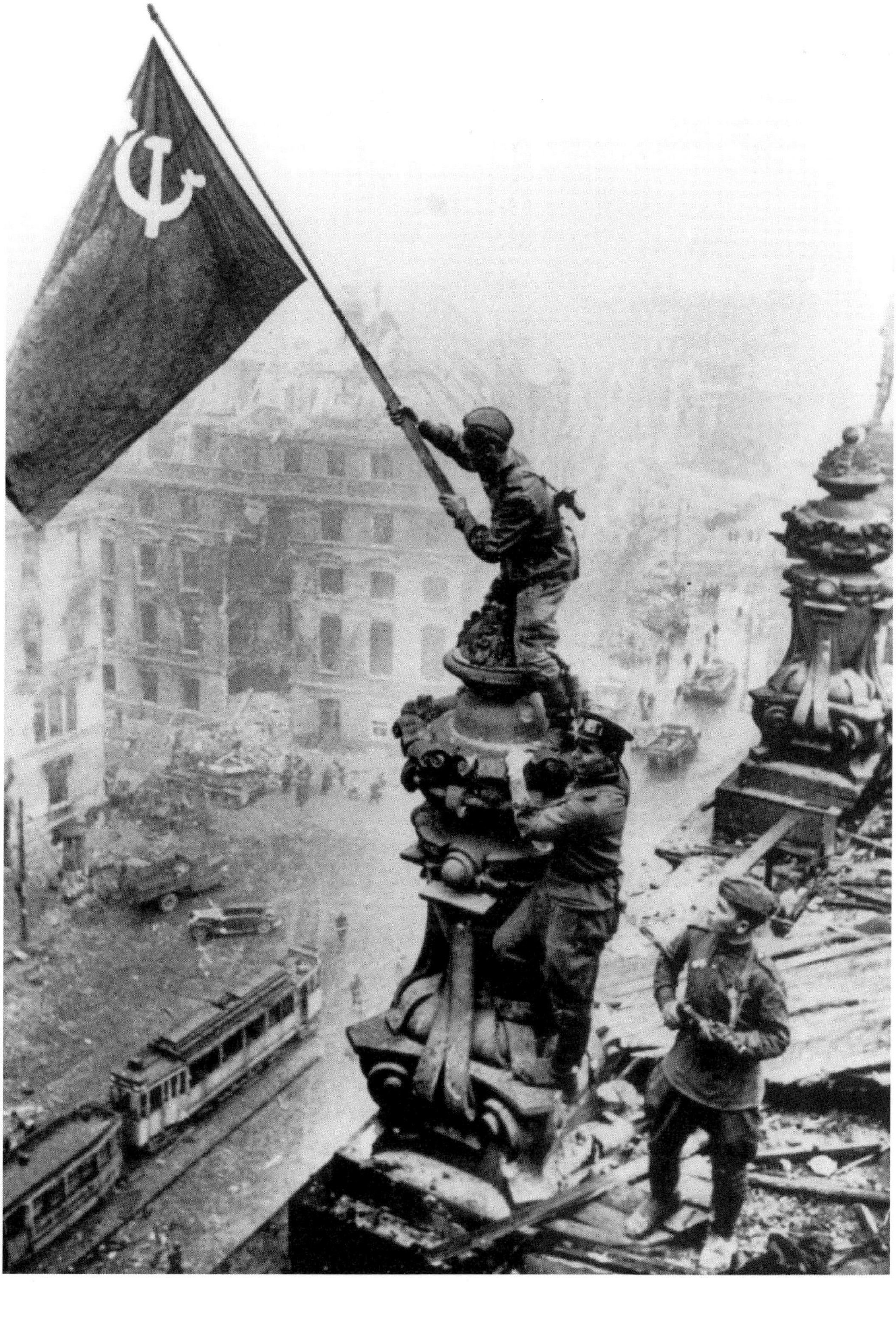

ブランデンブルク門前に停車するT-34/85。兵士のくつろいだ姿からは、戦闘終結後の撮影であることが理解できる。(RGAKFD)(訳者注：戦車の車体と砲塔にベッドスプリングの金網が装着されているが、これはパンツァーファウストを無力化するためのスペースド・アーマーの一種である)

いった。さっそく従軍記者が現場へ駆けつけると、そこではまだソビエト歩兵がケーニヒスプラッツの半ばで苦闘の最中であった。致命的な過失を犯したことを悟ったシャチロフは、どんな犠牲を払おうとも赤旗を掲げることを部下に厳命した。18.00時（午後6時）、師団は攻撃を再興し、今回は戦車と砲兵の近接支援がこれに加わった。ソビエト歩兵は苦労してライヒスタークの正面階段を上がると爆薬を仕掛け、入り口に積み上げられたレンガのバリケードに小さな突入口をあけた。ここから続々と赤軍将兵が内部へと躍り込むと、たちまちのうちに建物の各階で、血で血を洗う白兵戦が繰り広げられていった。この間、「赤旗5号旗」を抱えた特別国旗班が突進し、屋根へと出る道を探った。ついに特別班は屋上へと出ることに成功し、22.50分（午後

左頁上●1945年5月、戦闘終結直後の帝国議会（ライヒスターク）。広場には、88mmFlaK36/37高射砲が放置されている。元々は高射砲であったが、対戦車砲として使うこともでき、重量10.4キログラムの対戦車砲弾を17キロメートル先まで送ることができた。（Topfoto/Topham）

10時50分）、高々と赤旗が掲げられたのである。それはモスクワ時間のメーデーの日が明ける、わずか70分前のことであった。

その同じ頃、第5打撃軍の第26親衛狙撃兵軍団はベルゼ近郊電車（Sバーン）駅の抵抗拠点の制圧につとめていたが、ここもついに陥落し、続いて電信電報局に築かれた拠点の攻撃に移った。第32狙撃兵軍団はシュプレー川を越え、シュロース・ベルリン（ベルリン王宮）、ベルリン大聖堂、帝国銀行へ向けて進んだ。第2および第3親衛戦車軍はともに、方面軍境界線を示す近郊電車（Sバーン）線を目指して進んでいたが、第2親衛戦車軍ではその歩兵戦力の消耗がはなはだしかったために、前進に困難を来していた。

ブッセの第9軍はついにクンマースドルフの村に到達し、近くの森で短い休息を取った。部隊は再起してベルリン＝ルッケンヴァルト道に敷かれたソビエト軍の警戒線を突破し、ヴェンクの無線に導かれながら西へ西へと進んだ。第9軍最後のティーガー戦車が第5親衛機械化軍団陣地への最終突撃の先頭に立ち、ぼろぼろに疲れ果てた生存者たちは、翌朝早くに第12軍戦線へと到達したのである。

15.20時（午後3時20分）、アードルフ・ヒットラーとエーファ・ブラウンは、総統地下壕の居間で自決を遂げた。遺骸は官邸の庭に運び出されて壕に横たえられ、ガソリンが注がれたのちに着火された。遺骸はさらに砲弾穴へと葬られた。これにより首相となったゲッベルスはソビエト軍との接触を図り始めた。表向きの目的は停戦合意にあったが、その裏では新政府への承認を期待する考えもあった。ボコフ将軍の記録では、ドイツ側の交渉使者としてハイナースドルフ大佐、ザイフェルト中佐、ゼーガー少尉が、白旗を掲げた上等兵を先頭にソビエト軍戦線に接近してきたとされている。一行は第301狙撃兵師団のV・S・アントノフ大佐と面会し、クレブス将軍がソビエト軍最高司令部との交渉の機会を希望する旨を伝えた。ベルザーリン将軍がこれに答え、クレブスとの交渉は、ドイツ降伏に関する交渉を進める正式な全権をクレブスがもつ場合にのみ実施されると申し渡した上で、一行をドイツ軍のもとへと送り返した。

1945年5月1日
1 MAY 1945

4月30日の深夜、ベルリンの街に轟いていた戦闘の騒音が突然やんだ。この日は労働者の祭典、メーデーの日である。戦いの終わりがすぐそこにあることは両軍の将兵にとって明白であり、この休日の利用法はまったく正反対の性格をおびた。最前線のソビエト軍将兵は行動にますます用心深くなっており、誰もがベルリン戦最後の戦死者となることを望んではいなかった。ドイツ軍は待ち望んだ休息と再編成にあてた。戦闘と砲撃は散発的に発生したがそれも気のないものばかりで、本格的な戦闘が続いたのはポーランド軍の戦区だけであった。モーンケSS少将は、ヴァイトリングの参謀長フォン・ドゥフヴィンク大佐や陸軍の特務技官将校の制服を着用したナイランツSS中尉を含む、クレブス一行をつれてザイフェルト中佐の地区司令部へと引率した。一行は先へと進み無事にソビエト軍前線を越え、午前3時50分（03.50時）にチュイコフの司令部へと到着した。クレブスはここで新政権への承認を求めるとともに、全閣僚を招集するための時間を求めた。だがソビエト軍の要求は

帝国議会（ライヒスターク）屋上に翻翻と翻る別の赤旗。ソビエト軍はベルリン戦に際して大隊旗と連隊旗を再導入した。これは実に有効なプロパガンダ手法であり、ベルリンの建物の屋上では数多くの赤旗が打ち振られ、写真に収められた。（RGAKFD）

小休止をとるドイツ軍将兵。ベルリン作戦中、捕虜となったドイツ軍将兵は40万名にも上ったが、その大半はソ連へ送られて二度と戻ることは無く、1950年代に入ってわずかな人数だけが解放された。（Nik Cornish Library）

無条件降伏の一点のみであった。そこで総統地下壕のゲッベルスとの間に直通電話を敷くことが合意された。ちょっとした騒動（フォン・ドゥフヴィンクは一時、武装SSに逮捕された）の後で、二度の電話線敷設の試みが実施さ

れたが、二度とも電話線は切断されてしまった。クレブスはフォン・ドゥフヴィンクとともに地下壕に戻り、以後一切のドイツ側からの通信は文書をもってなすことを決めた。ゲッベルス自身も、四名の将校からなる交渉使節を第9狙撃兵軍団所属第301狙撃兵師団の指揮所へと送っていた。アントノフ大佐は敵と交渉をもつことを禁じられ、逆に官房強襲を命じられていた。ふたつの交渉努力がともに失敗に終わったことで、ゲッベルスは観念し、ヒトラー死去の知らせをデーニッツ提督へ送った。提督はラジオ・ハンブルクを使って、これを国民に公にした。ゲッベルスもまた自決の道を選び、妻と六人の子供たちを道連れにした。

　この日の午前、ハーフェルとシュプレー川の合流点を扼する古い歴史を持つ由緒ある城塞（水濠までもつ完璧ぶり）であるシュパンダウ城塞が、第47軍に降伏した。城塞守備隊はそれまでに、攻撃的な斥候活動と鉄壁の守りにより第2親衛戦車軍に大損害を与えていた。ライヒスターク（帝国議事堂）内の戦闘はこの日も一日続いた。守備隊はいまやSS「アンハルト」連隊のバービックSS中尉に率いられており、その司令部は通りを挟んで向こう側の建物内であったが、議事堂とは地下トンネルでつながっていた。議事堂はすでに炎上しここで戦う両軍の将兵をさらに苦しめた。地上階は徐々にソビエト軍の手に落ちて行ったので、いまやドイツ軍は地下室から戦っていた。第5打撃軍は、法務省、外務省、空軍省、国家保安本部、帝国官房（ライヒスカンツェライ）、郵政省の占領という、困難な任務を背負わされていた。すべての目標は頑丈に作られた巨大建造物であり、攻撃の進捗ははかばか

1945年、ベルリンで戦勝を喜ぶソビエト軍兵士。左端の戦車兵は赤旗を降ろしている。赤軍の損害の大半は歩兵が被ったものであったが、戦車兵の損害もかなりの数へと達した。（Topfoto/Topham）

しくなかった。それでもウンター・デン・リンデン通り北側のツォイクハウス（王制当時の武器庫）、国立図書館と、南側の国立歌劇場（シュターツオーパー）、帝国銀行の占領には成功し、プリンツ・アルバート通りのゲシュタポ（秘密警察）本部と国家保安本部も落としていた。第8親衛軍はベルヴューシュトラーセを横切りジーゲスアレーへと進み、ボツダマー鉄道駅を奪うと、ザールラントシュトラーセ地下鉄（Uバーン）駅を目指した。第1ポーランド歩兵師団の増強を受けた第2親衛戦車軍は、カイザー・フリードリヒ・シュトラーセのバリケードを撤去して、カール・アウグスト・プラッツ近くの教会を占領した。しかし、これ以上ラントヴェーア運河沿いに進むことは、防御

1945年4月25日、エルベ河畔トルガウでの歴史的邂逅の後、土手でくつろぐ第1ウクライナ方面軍と米第1軍の将兵。東西連合軍がついに合流を実現したという事実は、全連合国将兵に安らぎをもたらしたことであろう。
（イギリス帝国戦争博物館、IWM,OWIL64545）

1945年5月3日、エルベ河での英ソ軍合流を祝って酒を酌み交わす赤軍戦車兵と英王立工兵隊のグリフィフス二等兵。戦争終結が間近に迫るにつれ、連合軍兵士は不急不要の危険な任務に身をおくことを避けるようになっていった。
（イギリス帝国戦争博物館、IWM,BU5238）

砲火が激しく困難であった。建て込んだ市街地の性格上、近接戦闘を強いられることで、IS-2重戦車ですら簡単に破壊されてしまう状況であった。第3親衛戦車軍は午後遅くになってようやく、ドイツ軍の激しい抵抗（主に「ミュンヒェベルク」戦車師団の残余部隊による）をおしてクアフュルステンダムを越えた。そしてついにティーアガルテン高射砲塔の南西脇にあたるザヴィニープラッツで、第2親衛戦車軍との連接を完成した。こうして戦局が定まったことで、ヴァイトリングはもはや降伏するほかは無いと直ちに決心し、ヴェーラーマン大佐を含むベルリン防衛地域司令部の生き残った部員と協議したのち、深夜を過ぎてから可及的速やかにソビエト軍との降伏交渉に入ることを決断した。この夜もいくつかもの脱出行が試みられたが、成功したものはわずかであった。

この日、「シュプレー」軍支隊と第20戦車擲弾兵師団の残余が、ヴェンクの第12軍に合流した。同軍がすでに合流済みのブッセの第9軍とともに急いで退却したことで、西への最後の脱出口は閉じられようとしていた。第12軍はシンプソン将軍の米第9軍と降伏交渉を進め、5月7日には全軍のエルベ川渡河を完了させた。

1945年5月2日
2 MAY 1945

明けて5月2日、第90狙撃兵軍団による帝国官房（ライヒスカンツェライ）への最終突撃が敢行されたが、防御部隊の大半は撤退しており、わずかな抵抗が見られたにすぎなかった。建物の掃討はすぐに終わり、アンナ・ニクリーナ赤軍少佐が赤旗を屋根に掲げた。この間、フォン・ドゥフヴィンクの一行は苦労して、第47親衛狙撃兵軍団のセムチェンコ親衛大佐の連隊指揮所にたどり着くと、そこからヴァイトリングに降伏の用意があることを申し送った。この知らせはチュイコフの元に届き、チュイコフはフォン・ドゥヴィンクに対し、司令官の元に帰り、降伏は受諾されたと伝えるように告げた。ヴァイトリングおよびその参謀は06.00時（午前6時）、指揮下の部隊は07.00時（午前7時）に降伏することが求められ、投降した将兵は名誉ある取り扱いをもって処遇することが約束された。チュイコフはそれから自軍戦区に停戦命令を出した。ヴァイトリングは二名のソビエト軍将校に伴われて（二名の将校はモスクワ時間で働いており、1時間早く到着していた）、05.00時（午前5時）にラントヴェーア運河を渡り、チュイコフの司令部（ソコロフスキー大将も同席）に入りドイツ軍将兵へ降伏を呼びかける布告文を手渡した。そこには、

「4月30日、我々全員がかつて盟約の誓いを立てた総統は、自殺して果て我々を見放した。総統への忠誠を誓ったドイツ兵士諸君が、弾薬が尽き果てかつ全般状況がこれ以上の抵抗を無意味とする中にありながら、なおもベルリンの戦いを続ける準備を整えていることは、よく承知するところである。

本官はここに、ただちにすべての抵抗をやめることを命ずる。いたずらに戦闘を継続することは、ベルリン市民と負傷した戦友に更なる災禍をもたらすこととなろう。ソビエト軍最高司令部との合意に基づき、本官はただちに諸君の戦闘行動中止を命じるものである。

ヴァイトリング、砲兵大将、前ベルリン防衛地区司令官」

この文面は、ソビエト軍の承諾するところとなった。停戦時刻は13.00時（午後1時）とされたが、ライヒスタークの戦闘も含め市街の全戦闘が終息したのは、17.00時（午後5時）近くになってのことであった。当事者の語るところによれば、押し黙るような静寂が全市を覆ったという。残された作業は、捕虜となったドイツ兵の市外への移送と、ソビエト軍にとってはより厄介な、ベルリン市民に対する主要物資の配給を確保する（ないしは回復する）という大仕事であった。この作業は可能な範囲ですみやかに実施されていったが、その反面、ベルリン陥落の喜びに沸くソビエト軍将兵を、ただちに司令部の統制化に戻すことの方が、より難事であることが明らかとなった。ソビエト将兵は大きな寛容と親切心を示す一方で、降伏から数日の間、ドイツ市民は数知れぬ残虐行為にみまわれた。ベルリンだけで10万人もの婦女子がレイプされたといい、その後数ヶ月間は妊娠中絶件数が激増した。ソビエト軍最高司令部は、部隊の一部が統制不能となっている事態をよく承知しており、さらに衝撃的だったことは、これら暴兵はナチスの労働キャンプから解放されたばかりのロシア人婦女子をも襲っていたのである。

　ベルリン守備隊の降伏をもって、コーニェフは第1ウクライナ方面軍を南へと転じて、チェコスロヴァキアに残るドイツ中央軍集団への攻勢に参加（第2および第4ウクライナ方面軍と共に）させることが可能となった。他方、ロコソフスキーの第2白ロシア方面軍はベルリンの北で作戦を継続し、ヴィッテンベルゲ、パーヒム、バート・ドーベランの線に進出した。また英第21軍集団は、リューベックとヴィスマーの街を占領し、米第9軍はルートヴィヒスルストとシュヴェリンに到達した。ドイツ軍はきわめて小さな包囲陣へと押し込められており、その差し渡しは24から32キロメートルであった。フォン・マントイフェルとフォン・ティッペルスキルヒはアメリカ軍に投降することを決心した。第1白ロシア方面軍の残る部隊（第33軍、第69軍、第3軍、第47軍、第1ポーランド軍）が、ヴェンクの第12軍が保持する地点を除いて、エルベ河畔へと駒を進めたことで、「ベルリン」作戦は終了したのである。

　作戦によるソビエト軍の損害は、西側連合軍に先んじてベルリンを占領せよというスターリンの願望もあって、莫大な数に上った。4月16日から5月6日にかけて、ソビエト軍は主たる三個方面軍において、捕虜48万名（内7万名はベルリン市内）を得、戦車と自走砲1500両、各種火砲8600門、航空機4500機を鹵獲した。ソビエト軍自身の損害は、戦死、負傷、行方不明者合わせて30万4887名、戦車と自走砲2156両、各種火砲1220門、航空機527機の損失を記録しているが、実際の損害はこれより大きなものであろう。ベルリン市内における、軍と市民の損害に関しては、戦闘終結までに行政機能が失われていったために、正確な数字を示すことはできない。しかし一説では、22万名の市民が戦闘を直接の原因として死亡したとされ、軍もほぼ同数の戦死者を出したといわれている。これら犠牲者のほとんどは正式に埋葬されることも無く、集団墓地に亡骸を積み上げられるか、最期を向かえた塹壕にそのまま埋められたのである。

戦後のベルリン
AFTERMATH

　ベルリン守備隊が降伏した翌日、1945年5月4日18.20時（午後6時20分）、E・キンツェル大将（ブッシュ元帥の参謀長）、H・G・フォン・フリーデブルク海軍大将（新海軍総司令官）は、リューネブルク・ヘアトにおかれたモントゴメリー元帥の英第21軍集団司令部において、在オランダ、北西ドイツ、フリージア諸島、ヘルゴラント島、シュレスヴィヒ＝ホルシュタインのドイツ軍に関する降伏調印文書に署名した。その三日後の1945年5月7日02.41時（午前2時41分）、今度はランスの学校に設けられた連合国派遣軍最高司令部（SHAEF）において、アルフレート・ヨードル（国防軍最高司令部（OKW）参謀総長）、フリーデブルク海軍大将、ヴィルヘルム・オクセニウス空軍少佐が、ウォルター・ベデル・スミス中将（アイゼンハワーの参謀総長、米）、サー・フレデリック・モーガン中将（英）、フランソワ・セベー大将（仏）、イワン・ススロパロフ少将（ソ連）とともに、降伏議定書に調印した。さらにカール・A・スパーツ中将、ハロルド・M・バロー海軍中将、J・M・ロブ空軍中将が、それぞれ米陸軍航空隊、英海軍（RN）、英空軍（RAF）を代表して追加調印した。翌日には、サー・アーサー・テッダー英空軍大将が、スパーツ中将を伴って空路ベルリンに赴き、全面降伏の最終仕上げに入った。全体調印式の会場は第1白ロシア方面軍司令部に設定され、ドイツ側からはヴィルヘルム・カイテル元帥（国防軍最高司令部（OKW）総司令官、ヒットラーの参謀長）、フリーデブルク海軍大将、シュトゥムプ空軍大将が、居並ぶジューコフ元帥、ド・ラトル・ド・タッシーニ大将（フランス）、テッダー大将、スパーツ中将の前に姿をあらわした。降伏文書への全員の

1945年5月7日、ランスの連合国派遣軍最高司令部（SHAEF）において、無条件降伏の文書に署名するアルフレート・ヨードル上級大将、フリーデブルク海軍大将、ヴィルヘルム・オクセニウス少佐。降伏調印の完了には数日を要したが、このわずかな時差を利用して数十万人のドイツ軍将兵と民間人が西へと逃れた。（Topfoto）

ベルリン市民に食料を配給するソビエト軍。ソビエト兵は親切心や寛容さを示す傍らで、略奪や婦女暴行をほしいままにした。ソビエト軍最高司令部は速やかに部隊を統制掌握しようとつとめたが、多くの兵士が母なるロシアでドイツ兵の犯した罪への報復機会を求めたのである。(Topfoto/Novosti)

調印は、00.28時（午前0時28分）に完了した。これをもってナチス・ドイツは無条件降伏するところとなり、第二次世界大戦のヨーロッパ戦域での戦争は、1945年5月8日23.01時（午後11時1分）をもって終了するものとなったのである。

　調印式間のわずかな日数の間にも、数十万人のドイツ兵が西側連合軍に投降するために西への脱出路をたどり、ドイツ海軍はバルト海沿岸各所からの撤退を支援した。連合軍は「追撃の権利」を行使して退却するドイツ軍に追随し、ヤルタ協定で決められた境界線を遙かに越えて進んだ結果、モントゴメリーは72キロメートル、ブラッドレーは200キロメートル奥まで進出した。全体調印式の翌日、スターリンはヤルタ協定の合意事項の確実な履行を求めた。しかし、スターリンは合意を守っていたのだろうか。ソビエトの内務人民委員部（NKVD）は、東ヨーロッパの占領地域で共産党政権を樹立するために、早くも敵対勢力となりうる人物・団体の排除を表立って実施していた。とりわけポーランドに関しては、ヤルタ協定後にクレムリンに設けられた政権再建のための監督使節団が、モロトフの反対により事実上無力化されていた。こうした状況を受けて、チャーチルは6月4日、米国の新大統領ハリー・トルーマンに親書を送り、大国間の重要事項が解決を見るまでは、西側連合軍の境界線までの退却を実施すべきではないと述べた。オーストリア内におけるソビエト占領業務の進められ方と、それに対する西側使節団による干渉という事態により、6月9日、チャーチルは再び筆をとった。しかし、トルーマンはこうした論議を無視して、6月21日の米軍の撤退を決定した。この間、軍事司令官らはベルリンの四カ国分割占領のとりまとめと、占領区域への道路、鉄道、空路による通路の確定作業にあたっていた。1945年7月15日、ポツダム会談の開催直前の時点で、ソビエト赤軍はハン

ブルクの中心から48キロメートルの地点にまで進み、カッセルを砲兵の射程内に収め、ライン河畔のマインツへと128キロメートルにまで迫っていた。チャーチルはこれを「重大な危機をもたらす決定であった」と記している。

　ドイツの国土の分割にならって、ベルリンも同様の占領区域に分割された。ソビエトは東半分、アメリカ、イギリス、フランスは市の西半分を占領区域とした。米軍は7月1日、英軍はその翌日にベルリンへと到着した。フランスは当初、占領区域を割り当てられないままベルリンへ到着した。アメリカとソビエトは頑なに占領区域を譲ることを拒み続けた。解決はイギリスに委ねられることになり、イギリスはベルリン北西の二区画を譲ってフランス占領地域が作られた。復興が徐々に軌道に乗る中で、四カ国の軍事理事は秋に予定される選挙の後に採用されるべき行政機構の草案を、市当局に対して提示した。選挙結果は、共産陣営にとっては大敗北であった（得票率は全投票の20パーセントであった）。ソビエト管理地域での食料、靴、タバコの無償配布、西側管理区域において実施したフルーツと野菜の出張無償配布、権力を誇示するための時折の電力供給停止といった措置は、たいして得票に結びつかなかったのである。

　西側連合国とソビエトの間の非難応酬で日増しに高まっていた緊張は、ドイツとベルリンにも影響をもたらすこととなった。アメリカが主導して進めて

1945年7月2日、ベルリンのライヒスカンツェライ（帝国官房）中庭にたたずむ英陸軍フィルム・写真撮影隊所属のR・S・ベイカー軍曹を、ヒューイット軍曹が撮影した一葉。戦後になって、ソビエト軍は官邸外壁を覆っていた赤大理石を引き剥がして、東ベルリンの再建にあてた。（イギリス帝国戦争博物館、IWM,BU8569）

1945年7月16日、ベルリン訪問に際して帝国議会（ライヒスターク）の廃墟を訪れた英首相ウィンストン・チャーチル。W・ロッキーイアー大尉の撮影。欧州大戦の終結に際して、冷戦の到来を予感していたチャーチルは、ソビエト軍との間の見解の相違が解消されるまで米軍を退却させないよう、トルーマン米大統領に求めた。（イギリス帝国戦争博物館、IWM, BU859）

1961年8月13日のブランデンブルク門前。西ベルリン市民の集まる広場の向こう側では、東ドイツ兵士と民兵が有刺鉄線とバリケードを築いている。これはのちのベルリンの壁の基礎をなすものとなった。（Topfoto/Topham）

いた、ヨーロッパの経済・政治復興計画であるマーシャル・プランは、ソビエトの強い抵抗を受けた。そこで1948年2月、西側連合国は、各国の管理区域を統合して、単一の経済的・政治的単位を形成することに合意した。この決定に腹を立てたソビエトは3月20日、連合国管理理事会（ドイツ全土を含む）を退席し、次回会合予定も決定しなかった。つづいて6月16日、ベルリンの「コマンダチューラ」（連合国軍事政府指令部の名称）からも脱退した。

手渡しリレーで瓦礫の除去作業にあたるベルリンの婦人たち。1943年に始まったベルリン爆撃と市街戦により、市街の大半が瓦礫の山と化した。1945年7月7日、ヒューイット軍曹撮影。（イギリス帝国戦争博物館、IWM,BU8684）

ブランデンブルク門前に横たわるドイツ兵（帝国労働奉仕団（RD）衛生兵）の遺骸。だが、この兵士を倒したのは敵なのか味方なのか？ 即刻銃殺刑で処断する狂信的な武装SS将校の率いる移動軍法会議は、ドイツ軍将兵にとって、ソビエト軍と同様の恐るべき存在であった。（RGAKFD）

そしてベルリンに出入りする西側の道路と鉄道に対する、交通制限を開始した。その中、ソビエト空軍のYak-3型戦闘機に追い回されていた、ブリティッシュ・ユーロピアン航空のビッカース・バイキングが、二度目の着陸復航の際に戦闘機との空中衝突にみまわれ墜落する事件も発生した。ソビエトは6月24日ついに、ベルリンへ通じる陸路を遮断した。西側連合国はベルリンへの必要物資の空輸作戦を決定し、西ドイツからの狭い空路を使って、物資をガトウ、テーゲル、テンペルホフ各空港へと運ぶことになった。作戦の当初は、C-47ダコタ輸送機が使用されたが、すぐにアメリカのC-54スカイマスターやイギリスのアブロ・ヨークが加わり、輸送貨

物量は日量1400トンから1949年1月には5500トンへと急増した。ソビエトは国際社会による批難にさらされ、また連合国の反対封鎖を受けたことで、5月には交通封鎖を取りやめたが、空輸は9月まで続けられた。空輸作戦期間中の人的および物的損失は大きく、70名の航空搭乗員と7名のドイツ市民が命を落とした。ソビエト空軍は頻繁に偽の戦闘攻撃動作を繰り返して輸送機を脅かしたし、天候はしばしば悪化し、パイロットは連続運行で疲労困憊し、石炭の煤煙が操縦室にまで入り込むといった、各種の困難さが原因であった。しかし、西側陣営はソビエトの妨害にも屈せずに作戦を成し遂げて、その鼻をへし折ってみせたのである。

　東西の間で高まっていった緊張は冷戦へと形を移してゆき、ベルリンはその戦いの焦点となり、東西はともにこの都市を舞台にスパイ合戦を展開した。1949年、ドイツ連邦共和国（西ドイツ）成立に続いてドイツ民主共和国（東ドイツ）が成立し、ドイツの東西分裂が確定した。1953年6月、東ドイツ政府（東ベルリンに置かれた）が賃金を据え置いたまま生産を二倍に上げる「生産割当増大計画」を発表すると、全土において反政府ストライキが発生した。数千人の労働者が政府庁舎（ゲーリングの旧空軍省）へと抗議に押し掛け、政府の退陣と自由選挙の実施を要求した。だがこの動きはソ連軍の介入を招くことになった。ストライキはすぐに粉砕され、数百人の市民と警察官が命を落とした。やがてベルリンには、冷戦を象徴し永くその存在を誇示した最大級のシンボルである「壁」が築かれた。東ベルリンからの熟練労働者の流出（1949年以来、200万人を越えた）を防ぐ目的で、東ドイツのヴァルター・ウルブリヒト国家評議会議長は1961年8月12日、ソ連統治区域の境界線沿いに48キロメートルにわたってバリケードを設置し、一夜にして東ベルリンを西から封鎖してみせた。この行動は東西危機に拍車をかけることになったが、冷戦の進展する間に、鉄条網とバリケードで作られた「壁」は、レンガからモルタル、ついにはコンクリートへと着々と強化されていった。壁を越えての脱出は数多く試みられ、その多くは成功したが、悲劇に終わったものもあった。1963年6月には、合衆国大統領ジョン・F・ケネディがベルリンを訪問し、1971年9月には四カ国分割統治合意書が批准され、西側陣営は公式にドイツ民主共和国の存在を承認するとともに、東西ドイツ間の連絡改善を図ることになった。やがてソビエトの書記長にペレストロイカ（改革）とグラスノースチ（情報公開）を推進するゴルバチョフが就くと（1985年）、一気に東西関係の緊張緩和が進み、ついで東側ブロック諸国では1989年から1990年の冬にかけて比較的穏やかな革命が進行し、共産政権が次々と倒れていった。1990年10月、ドイツはふたたび統一国家としての道を歩み初め、1991年6月にはベルリンを統一ドイツの首都とすることが決定された。1995年から1999年にかけて、議事堂はイギリス人建築家、サー・ノーマン・フォスターの設計により修復され、ドイツ連邦議会は西ドイツ時代のボンからなじみ深いベルリンのライヒスタークへと戻った。

かつての戦場の現在
THE BATTLEFIELD TODAY

　今日のベルリンは、900平方キロメートルをわずかに下回る領域に、約340万人の人口を抱えた、繁栄する大都会として君臨している。1999年、ベルリンはドイツの首都として再興され、ドイツ連邦議会がボンから再建されたライヒスタークへと移転した。統一の喜びもつかの間、東西ドイツの統合（東西ベルリンの統合でもある）は、問題なしというわけにはいかなかった。連邦政府は旧東ドイツの経済、財政、産業を再建するためのコストにあえいだため、国民が期待したほどには近代化は進まなかった。このことで極右勢力が大きく伸長し（とくに旧東ドイツ領で）、その怒りを外国人、とりわけ永く人種差別主義者の標的となっていた、トルコ人労働者へと向けた。

　ベルリンは中世のいにしえから知られたブランデンブルク選帝候国の中心地域に位置し、現在はブランデンブルク連邦州と呼ばれている。行政改革により2001年に23あった行政区は12へと減らされたが、古い地名は今もって使われている。市街の中心には、奇妙な形をした巨大なフェルンゼートゥルム（テレビ塔）がそびえたっている。これはベルリンの中心街区からよく見え、位置を知る目印となっている。貴族が栄えた頃の古きよきベルリンのおしゃれな賑わいの場であったウンター・デン・リンデン通りは、ブランデンブルク門からアレクサンダープラッツへと延びており、かつては東ドイツの政治中枢地区でもあった。ベルリン発祥の地であるシュプレー川の中州には、ドイツ有数の博物館がいくつもありムゼウムインゼル（博物館島）と呼ばれている。ブランデンブルク門の西側には、大きな森林公園であるティーアガルテンを貫いて大通りが延びている。中心にある勝利の塔（ジーゲス・ゾイレ）は、ヴィム・ヴェンダース監督の映画『ベルリン・天使の詩』（1987年）にも象徴的に登場した。西ベルリンの商業中心地は市の南に広がっている。しかし一時、観光客に最も人気のあったのはフリードリヒスハインで、かつては安宿や大衆食堂が多くバックパック旅行者のたまり場であったし、巨大な高射砲塔も観光名所であった。今でもベルリンの物価水準からすれば暮らしやすい地域ではある。だがフランクフルター・アレーの南側の地区には、新しいバーやクラブが続々と誕生して、一躍ベルリンのナイトライフを代表する盛り場となっている。ブランデンブルク門の南側、かつては壁に遮断されていた無人地帯は、いまやポツダマープラッツを中心にベルリンの最先端をゆく街区となっている。1990年代を通じて建築家のヒルマーとザトラーの都市計画基礎案に基づく大規模再開発が進められ、高層インテリジェント・オフィスビル、ショッピング・アーケード、文化・娯楽施設、居住地区を融合させた地区として完成した。

　再開発の進むベルリンにあって、第三帝国やベルリン戦のなごりをとどめる、大きな史跡がわずかに残っている。ヨーゼフ・ゲッベルスの宣伝省の

1945年夏に帝国議会（ライヒスターク）の廃墟前で戦勝記念パレードを実施したソビエト軍。政治的および戦略的理由からスターリンが、西側連合国に先んじてのベルリン占領を望んだことで、17日間の激戦で30万名の戦死傷者を出し2000両の戦車が失われる結果となった。
(Topfoto/Novosti)

翼廊はなおもモーレンシュトラーセ沿いのかつてヴィルヘルムプラッツと呼ばれた場所に残っており、ゲッベルスはここから芸術監督部門である帝国芸術局をも操った。歴史の偶然で第三帝国の心臓部となったヴィルヘルムシュトラーセの南沿いには、かつての帝国空軍省のいかつくて飾りのない建物が、現在は財務および税務庁舎として使われている。その壁のひとつには社会主義者の理想とした労働者の理想郷の絵が描かれているが、かつてその同じ場所にはナチ（国家社会主義）の同種の絵が描かれていたのであり、そしてこの場所はまた1953年蜂起のストライキに参加する労働者の集合地点であったことを思うと、二重の皮肉を覚えざるを得ない。さらに、ラーフェンスブリック女性収容所でドイツ軍に処刑されたソビエト女性スパイの名を冠したニーダーキルヒナーシュトラーセ、やはりかつてのプリンツ・アルブレヒトシュトラーセを南へ下がった場所には、元は美術学校校舎でゲシュタポとジッヒャーハイツディエンスト（国家保安本部）に接収されて本部に使われた建物がある。ゲシュタポ本部自身の番地はプリンツ・アルブレヒト街8番であったが、ついには隣接する建物も手中に収めていったので、この一帯はプリンツ・アルブレヒト・ゲレンデと呼ばれ恐れられたものである。ここには現在「テロのトポグラフィー」（国家テロの地勢図）と呼ばれる博物館が設けられ、恐怖の時代にかつてこの場所で何がおこなわれていたのかを人々に思い起こさせる、写真と資料が仮設展示されている。

　最期に残った大物は、ブランデンブルク門、帝国官房（ライヒスカンツェライ）跡地、総統地下壕、それに帝国議事堂（ライヒスターク）である。ブランデンブルク門は修復された後、2002年10月にアメリカ大統領ビル・クリントンの手により除幕され、通行が再開された。帝国官房の外壁を覆っていた赤大理石は、戦後ソビエト軍によってはぎ取られ、市街の復興とトレプトウ公園の赤軍兵士追悼碑の建立に使われた。トレプトウにはベルリン戦で

戦死した赤軍兵士のごく一部、約5000人が葬られている。材料取りの後で、帝国官房は爆破処分された。この同じ場所の地下15メートルに総統地下壕はあった。現在は封鎖されて、立ち入り禁止である。ライヒスタークは1995年から1999年にかけて建築家サー・ノーマン・フォスターの設計に基づいて修復されたが、中には占領に喜ぶ赤軍将兵が記念のサインやスローガンを記した壁が、なおもいくつか残っている。ほかにも、フリートナウ墓地のマレーネ・ディートリッヒの墓や、刑務所で処刑された数千人の政治犯を弔うプレンツェンゼー追悼碑、ベルナウアー通りのベルリンの壁メモリアル、コッホシュトラーセとフリードリヒシュトラーセの角のチェック・ポイント・チャーリー博物館。現在は、法務省のベルリン憲法裁判所となっているエルスホルツシュトラーセの人民裁判所がある。

　ゼーロー高地の古戦場は、1945年当時の雰囲気をいまだに色濃く残しているが、灌漑工事が進んだために沼沢地の面積は減っている。キーニッツの中心にはT-34/85戦車を天辺に載せた記念碑が旧東ドイツ政府によって建てられた。その碑文には、「1945年1月31日、キーニッツは我が国土において初めて、ファシズムから解放された。ここに第5打撃軍と第2親衛戦車軍将兵の栄誉を称える」と記されている。ゼーロー高地の戦闘自体の記念碑は、ソ連邦英雄の勲章を受けた赤軍戦死者の墓地とともに、ゼーローの町に設けられている。最も大きなソビエト軍墓地は、ジューコフが指揮所を置いたライトヴァイン温泉のふもとに置かれている。より小さな墓地が一帯の町村内に設けられており、ザクセンドルフやレッチンでは今でも手厚い弔いがなされている。

戦いが終わって数ヶ月後のベルリンの路上によく見られた日常の光景。実際、同じ光景はドイツの各都市で、そしてソビエトでも見られた。母親が家族のために、瓦礫でこしらえたストーブで料理をこしらえている。（Topfoto）

■参考資料
BIBLIOGRAPHY AND FURTHER READING

Altner, H., *Berlin - Dance of Death*, Spellmount, Staplehurst (2002).

Bauer, E., (LtCol) *The History of World War Two*, Orbis Publishing, London (1979).

Beevor, A., *Berlin - The Downfall 1945*, Viking（邦訳『ベルリン陥落 1945』・白水社）/ Penguin, London (2002).
ウェブページ；http://www.antonybeevor.com/Berlin/berlinmenu.htm

Bell, K., 'Bloody Battle for Berlin' in *World War II*, March 1998, Volume 12, Issue 7, pp.22-29.

Clark, A., *Barbarossa: The Russian - German Conflict 1941-1945*, Cassell & Co, London (2001).

Erickson, J., *The Road to Berlin*, Cassell & Co, London (2003).

Gunter, G., *Last Laurels: The German Defence of Upper Silesia, January-May 1945*, Helion & Company, Solihull (2002).

Hastings, M., *Armageddon: The Battle for Germany 1944-45*, Macmillan, London (2004).

Hirschbiegel, O. (Dir), *Downfall*（邦題『ヒトラー〜最期の12日間〜』）, Historical Drama, Constantin Films, 155分, (2005).

Holmes, R. (ed.), *The Oxford Companion to Military History*, Oxford University Press, Oxford (2001).

Joachimsthaler, A., *The Last Days of Hitler: Legend, Evidence and Truth*, Cassell & Co, London (2000).

Jukes, G., *The Second World War (5) : The Eastern Front 1941-1945*, Osprey Publishing, Oxford (2002), Essential History Series No. 24.

Keegan, J., 'Berlin' in *Military History Quaterly* (Winter 1998), pp.72-83.

Le Tissier, T., *Berlin - Then and Now*, Battle of Britain Prints International Ltd, London (1992).

Le Tissier, T., *Race for the Reichstag - The 1945 Battle for Berlin*, Frank Cass, London (1999).

Le Tissier, T., *The Battle of Berlin 1945*, Jonathan Cape, London (1988).

Le Tissier, T., *With our Backs to Berlin - The German Army in Retreat 1945*, Sutton Publishing, Stroud (1999).

Le Tissier, T., *Zhukov at the Oder - The Decisive Battle for Berlin*, Paeger, Westport, CT, (1996).

Lucas, J., *Last Days of the Reich*, Grafton Books, London (1987).

Orlov, A., 'The Price of Victory, The Cost of Aggression' in *History Today*

(April 2005), pp.24-26.

Read, A. & Fisher, D., *The Fall of Berlin*, Hutchinson, London (1992).

Ryan, C., *The Last Battle*, Touchstone, New York (1995).

Strawson, J., *The Battle for Berlin*, Batsford, London (1974).

Thomas, N., *The German Army 1939-45 (4) : Eastern Front 1943-45*, Osprey Publishing, Oxford (1999), Men-at-Arms Series No. 330.

Toland, J., *The Last 100 Days*, Phoenix, London (1996).

Williamson, G., *The Waffen SS (3) : 11. to 23. Divisions*, Osprey Publishing, Oxford (2004), Men-at-Arms Series No. 415.

Zaloga, S., *Bagration 1944*, Osprey Publishing, Oxford (1996), Campaign Series No. 42.

Zaloga, S., *The Red Army of the Great Patriotic War 1941-45*, Osprey Publishing, Oxford (1984), Men-at-Arms Series No. 216.

Ziemke, Earl F., *Battle for Berlin: End of the Third Reich*, McDonald & Co, London (1969), Purnell's History of the Second World War Battle Book No. 6.

Ziemke, Earl F., *Stalingrad to Berlin: The German Defeat in the East*, Dorset Press / Center for Military History, Washington DC (1968).

◎訳者紹介｜三貴雅智（みきまさとも）

1960年新潟県新潟市生まれ。立教大学法学部卒。機械工具メーカー勤務を経て『戦車マガジン』誌編集長を務めたのち、現在は軍事関係書籍の編集、翻訳、著述など多彩に活躍してる。著書として『ナチスドイツの映像戦略』、訳書に『武装SS戦場写真集』『チャーチル歩兵戦車 1941-1951』『マチルダ歩兵戦車 1938-1945』などがあり、ビデオ『対戦車戦』の字幕翻訳も担当。『SS第12戦車師団史・ヒットラーユーゲント（上・下）』『鉄十字の騎士』の監修も務める。また、『アーマーモデリング』誌の英国AFV模型製作の連載記事「ブラボーブリティッシュタンクス」の翻訳も担当している。（いずれも小社刊）

オスプレイ・ミリタリー・シリーズ
世界の戦場イラストレイテッド　1

ベルリンの戦い 1945

発行日	2006年6月26日　初版第1刷
著者	ピーター・アンティル
訳者	三貴雅智
発行者	小川光二
発行所	株式会社大日本絵画 〒101-0054　東京都千代田区神田錦町1丁目7番地 電話：03-3294-7861 http：//www.kaiga.co.jp
編集	株式会社アートボックス http：//www.modelkasten.com/
装幀・デザイン	八木八重子
印刷/製本	大日本印刷株式会社

©2005 Osprey Publishing Limited
Printed in Japan
ISBN4-499-22912-X C0076

Berlin 1945
End of the Thousand Year Reich
Peter Antill

First Published In Great Britain in 2005, by Osprey Publishing Ltd, Elms Court, Chapel Way, Botley Oxford, OX2 9LP. All Rights Reserved.
Japanese language translation
©2006 Dainippon Kaiga Co., Ltd

ACKNOWLEDGEMENTS
I would like to thank Louise Clarke and everyone at TopFoto, Nik Cornish and Stavka, as well as Yvonne Oliver and the staff of the Photographic Department of the Imperial War Museum for allowing me to use the photographs reproduced in this publication. A big thank you goes to Alexander Stilwell, Peter Dennis and everyone at Osprey for their patience and encouragement during this, me socond book for them, which happened to coincide with my return to full-time education for a year. A final thank you goes to my wife, Michelle, my parents, David and Carole, and my parents-in-low, Sally and Alan,
for their patience, encouragement and enthusiasm.